Pijus Kanti Samanta

Síntese Química de Nanomateriais Funcionais

Pijus Kanti Samanta

Síntese Química de Nanomateriais Funcionais

Com referência especial ao óxido de zinco

ScienciaScripts

Imprint

Any brand names and product names mentioned in this book are subject to trademark, brand or patent protection and are trademarks or registered trademarks of their respective holders. The use of brand names, product names, common names, trade names, product descriptions etc. even without a particular marking in this work is in no way to be construed to mean that such names may be regarded as unrestricted in respect of trademark and brand protection legislation and could thus be used by anyone.

Cover image: www.ingimage.com

This book is a translation from the original published under ISBN 978-613-9-92379-3.

Publisher:
Sciencia Scripts
is a trademark of
Dodo Books Indian Ocean Ltd. and OmniScriptum S.R.L publishing group

120 High Road, East Finchley, London, N2 9ED, United Kingdom
Str. Armeneasca 28/1, office 1, Chisinau MD-2012, Republic of Moldova, Europe
Printed at: see last page
ISBN: 978-620-5-72842-0

CONTEÚDO

CAPÍTULO 1. INTRODUÇÃO

A palavra "*nano*" é um prefixo muito conhecido sendo utilizado em numerosas áreas científicas. Além disso, tem havido um grande interesse nos *nanomateriais* devido às suas propriedades ópticas, eléctricas, mecânicas, dieléctricas e magnéticas únicas e versáteis, que levam à sua vasta gama de aplicações interessantes em diferentes áreas científicas. Mais especificamente, os materiais nanoestruturados são utilizados em mas não limitados à optoelectrónica e dispositivos emissores de luz como o díodo emissor de luz laser, etc., nanotransistor, dispositivos de memória, célula solar, sensor de gás e químico, geração de energia piezoeléctrica e em várias aplicações biomédicas. Assim, houve vários esforços para fabricar várias nanoestruturas com controlo preciso sobre as propriedades desejadas.

Na investigação recente sobre nanomateriais, três grandes categorias de nanoestruturas, que estão a ser amplamente investigadas são os nanotubos de carbono (CNT), os nanofios de silício e as nanoestruturas de ***óxido de zinco* (ZnO).** Destes, o ZnO é um dos mais importantes e populares materiais semicondutores que está a ser amplamente investigado desde a última década. Devido à sua elevada abertura de banda directa e grande energia de ligação de excitão à temperatura ambiente [1], tem uma vasta gama de aplicações optoelectrónicas como o laser de comprimento de onda curto [2], díodo emissor de luz (LED) e vários dispositivos de visualização [3]. As nanoestruturas ZnO luminescentes verdes são material muito promissor em aplicações de dispositivos de emissão de campo (FED) devido à sua alta eficiência e baixa tensão de aceleração e alta condutividade eléctrica [4]. Não só devido à sua estrutura cristalina não centrosimétrica, mas também devido à sua propriedade piezoeléctrica que tem sido utilizada em dispositivos piezoeléctricos de geração de energia [5]. Além disso, é um material muito bom em sensores de gás e químicos, actuadores, e vários dispositivos nanoelectrónicos e nanomecânicos [6-8].

A emissão de UV à volta de 380 nm é a emissão característica de ZnO devido à transição directa da borda da banda [1]. No entanto, as emissões visíveis com picos de cerca de 420 nm, 485 nm, e 530 nm são também observadas a partir das nanoestruturas de ZnO devido a vários defeitos existentes nos nanocristais [9-12]. No entanto, existem ainda muitas controvérsias sobre o mecanismo exacto destes níveis profundos de emissões. Portanto, esta é uma questão importante para encontrar o mecanismo exacto destas emissões visíveis e a sua correlação com as microestruturas dos materiais.

Nanoestruturas unidimensionais (1-D) ZnO, tais como nanorodas [13-15], nanotubos [1618], nanobelts [19,20], nanopencils, etc. abriram uma nova era dos sistemas optoelectrónicos e nanoelectrónicos. Estas nanoestruturas 1-D ZnO são amplamente utilizadas em transistores de efeito de campo, dispositivos de emissão de campo, díodos emissores de luz, lasers e muitos mais [28]. Isto deve-se ao confinamento do transportador em nanoestruturas 1-D e às propriedades únicas de condução eléctrica que as nanoestruturas 1-D ZnO possuem.

Nanoestruturas bidimensionais (2-D) ZnO especialmente nanoestruturas [21,22], nanodiscos [23] são também muito importantes, uma vez que são amplamente utilizados em dispositivos de detecção de gás. Estas estruturas 2-D têm uma grande área de superfície que leva à sua grande sensibilidade à pequena variação da concentração gasosa das espécies. Estas estruturas são fabricadas geralmente na presença de alguns surfactantes.

Existem várias nanoestruturas ZnO interessantes com propriedades morfológicas controladas. As nano-arquitecturas tridimensionais (3-D) de ZnO como as pirâmides hexagonais [24], esféricas e octaédricas [25,26] são muito raramente observadas nos sistemas de nanoestruturas de ZnO. Não há muitos relatórios sobre o estudo detalhado destes sistemas. Portanto, é muito crucial compreender o crescimento destes tipos de nanoestruturas 3-D ZnO raramente observadas.

As nanopartículas de ZnO, especialmente os pontos quânticos de ZnO (QDs) estão também a ser utilizados em aplicações de dispositivos de memória. O efeito de confinamento quântico das cargas (retenção de carga numa pequena região) nestes QDs é utilizado na construção de uma memória. Este efeito de confinamento quântico leva ao melhoramento da folga da banda das nanoestruturas ZnO até 4,2 eV [27,28]. Este intervalo de banda elevado é evidentemente muito útil em aplicações optoelectrónicas de laser UV e afins.

Os QD semicondutores fotoluminescentes têm recebido uma atenção intensiva durante a última década devido à sua potencial aplicação como rótulos biológicos. Estas QDs possuem várias vantagens em comparação com as espécies orgânicas fluorescentes: são estáveis sob luz UV, os seus picos de emissão são estreitos e simétricos, o seu comprimento de onda de emissão pode ser afinado por diâmetro de partícula variável, e podem ser observadas diferentes cores sob uma única luz de excitação. Mais importante, os QDs são muito mais baratos do que os orgânicos fluorescentes. Contudo, os QD típicos baseados nas espécies CdSe e CdTe são vitais para os sistemas biológicos [29-30].

Alguns progressos nos registos de investigação que empregam CdS, ZnS, polímeros, e desenvolvimento recente de outras conchas não tóxicas. No entanto, a fuga de iões Cd através do defeito da casca e a decomposição de nanopartículas por oxigénio, e os radicais derivados da irradiação da luz são conhecidos por destruírem os sistemas biológicos. Além disso, a produção e emprego de compostos de Cd são prejudiciais para a saúde humana e acabam por prejudicar o ambiente. Por conseguinte, a procura de substitutos não tóxicos para esta aplicação é um verdadeiro desafio nesta investigação. Nesta frente, ZnO QD é um candidato promissor, uma vez que é um semicondutor não tóxico e fotoluminescente amigo do ambiente. Além disso, é barato e pode ser produzido em laboratório para investigação e em grandes quantidades à escala industrial. Embora tais méritos tenham sido identificados há cerca de 20 anos atrás, não houve até agora nenhuma iniciativa com ZnO como rótulo biológico. ZnO QDs que emitem apenas ~ 420 nm de luz não eram adequados para rotulagem biológica porque a maioria das células e tecidos também aparecem violeta sob luz UV. Assim, as QDs de ZnO com emissão verde e amarela parecem ter melhores perspectivas na rotulagem biológica.

1.1. Estrutura cristalina de ZnO

A estrutura cristalina (célula unitária) de ZnO é wurtzite e cai no grupo espacial de C6mc. Os parâmetros da malha são a = 3,296 Â, e c = 5,2065 Â [31]. Os catiões Zn (Zn^{2+}) e os ânions de oxigénio (O^{2-}) formam a unidade tetraédrica. Na estrutura ZnO, existe uma falta de centro de simetria. A estrutura pode ser melhor descrita através do empilhamento de um grande número de planos alternados compostos de Zn tetraédrico coordenado^{2+} - e O^{2-} iões ao longo do eixo c (ver fig. 1.1).

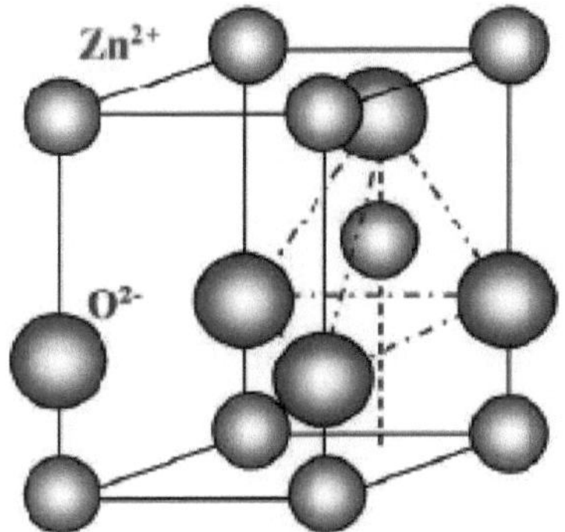

Figura 1.1: Estrutura cristalina de ZnO

A célula unitária de ZnO como um todo é neutra. Mas a distribuição de cátions e ânions na estrutura cristalina pode ser diferente, dependendo da sua cristalografia. Como resultado, uma face unitária de célula pode ser terminada com os iões Zn^{2+} e algumas faces com os iões O^{2-}. Daí que estas superfícies sejam de natureza polar e conhecidas como superfícies polares. De facto, estas superfícies polares influenciam o crescimento das nanoestruturas (discutido no Capítulo 4). As superfícies polares comuns são os planos basais superior e inferior/face perpendiculares ao *eixo c*. A (0001) face termina com iões Zn^{2+} enquanto a (0001) face com os iões O^{2-} resultando assim num dipolo dirigido ao longo do *eixo c*. Geralmente estas faces polares exibem reconstruções maciças da superfície para terem uma estrutura estável. Mas este não é o caso em ZnO porque as superfícies (0001) e (0001) de ZnO são atomicamente planas e estáveis sem qualquer reconstrução da superfície. A compreensão desta alta estabilidade destas faces polares de ZnO é de grande interesse na física das superfícies de cristais. A (1011) é outra superfície polar do cristal de ZnO.

A estrutura cristalina desempenha um papel importante na exposição de várias propriedades de materiais nanoestruturados. Os parâmetros da malha dos cristais dependem dos factores, nomeadamente, concentração das impurezas ou dopante, concentração de electrões livres, temperatura e tensão. As formas convenientes de determinar os parâmetros da malha são as técnicas de difracção de raios X, análise microscópica electrónica de transmissão. Os parâmetros da malha de ZnO hexagonal foram determinados por muitos investigadores. O *valor a situa-se entre* 3,2475 Å e 3,2501 Å e o *parâmetro c* varia entre 5,2042 Å e 5,2075 Å. Esta variação nos parâmetros da malha surge devido à dopagem de vários átomos em cristais de ZnO e à tensão desenvolvida na interface substrato-material. O desvio em relação ao cristal de Wurtzite ideal é atribuído à estabilidade e ionicidade da grelha. Tem sido relatado que a carga gratuita é o factor dominante responsável pela expansão da grelha proporcional ao potencial de deformação da banda de condução mínima e inversamente proporcional à densidade e ao módulo de massa. Os defeitos pontuais como os anti-sites de zinco, as vagas de oxigénio, e os defeitos prolongados, nomeadamente, os deslocamentos de rosca, também aumentam a constante da malha. Para o politipo de ZnO de mistura de zinco, as constantes da malha calculadas com base numa técnica moderna *ab initio estão* previstas em 4,60 Å e 4,619 Å. Ashrafi *et al.* [32] caracterizaram a fase de zinco-blenda dos filmes de ZnO cultivados por epitaxia de feixe molecular metal-orgânico assistida por plasma utilizando a difracção electrónica de reflexão de alta energia (RHEED), difracção de raios X (XRD), microscópio electrónico de transmissão (TEM), e medições de microscópio de força atómica (AFM). Uma transição de fase de alta pressão do wurtzite para a estrutura de sal de rocha diminui a constante da malha até ao intervalo de 4.271 Å - 4.294 Å. Os valores experimentais obtidos pelo XRD coincidem estreitamente com as previsões teóricas.

1.2. Propriedades optoelectrónicas

Uma compreensão completa das propriedades ópticas e electrónicas, em particular dos efeitos dependentes do tamanho dos nanomateriais semicondutores é essencialmente necessária para uma dada aplicação optoelectrónica. Normalmente a película fina ZnO mostra uma transparência óptica muito elevada (90%) na região visível e próxima da IR. Contudo, esta transparência é ditada pela microestrutura e rugosidade da superfície da película fina. Em caso de solução suspensa, a transparência depende do tamanho do cristalito e da taxa de dispersão. A fenda de ZnO é modulada pelos surfactantes e também devido ao efeito de confinamento dos portadores de carga no pequeno tamanho finito dos nanocristais. Também o aumento do intervalo de banda ocorre devido à incorporação deliberada de dopantes intrínsecos. Esta mudança é conhecida como *efeito Burstein-Moss* [33]. O aumento da concentração do transportador leva à ocupação completa dos estados na parte inferior da banda de condução e, por conseguinte, o nível Fermi move-se acima da borda da banda de condução. Devido a estas transições estimuladas pela excitação óptica da banda de condutância para estes estados não é possível, aumentando assim o intervalo da banda óptica de ZnO.

Foram desenvolvidos vários modelos para proporcionar uma compreensão abrangente do mecanismo de emissão das nanoestruturas ZnO. Aqui, nas secções seguintes, fazemos uma breve panorâmica dos modelos existentes, desenvolvidos na relevância da propriedade electrónica das nanoestruturas.

1.2.1. Aproximação Efectiva da Massa

No modelo de aproximação de massa eficaz (EMA), assume-se que os portadores de carga são restringidos num poço de potencial infinito dentro dos nanocristais. De acordo com este modelo [34,35], a menor energia excitada de nanopartículas embutidas numa matriz é dada por:

$$E = E_b + \frac{\hbar^2 \pi^2}{2m^* R^2} - \frac{1.8e^2}{\varepsilon R} + \frac{e^2}{2R} P_{eff} \qquad [1.1]$$

onde, E_b é a abertura de banda do material a granel, m* é a massa efectiva dos portadores de carga, P_{eff} é a polarização, e é a carga electrónica e ε, a constante dieléctrica do meio que envolve o nanocristal. O segundo termo surge devido ao confinamento espacial dos portadores de carga em potencial e conhecido como a *energia de confinamento*. Ao mover-se dentro do poço potencial, há interacções entre os portadores de carga, produzindo o terceiro termo que representa a *energia de interacção Coulombic*. O último termo surge devido à *polarização* e é insignificante em comparação com os termos de confinamento e de interacção Coulombic. Os resultados baseados nos cálculos EMA foram considerados como encaixando bem com dados observados experimentalmente quando o efeito de confinamento quântico não é tão pronunciado, ou seja, quando o tamanho dos nanocristais é suficientemente grande.

No entanto, este método não pode ter em conta para a tunelização da função de onda electrónica para além dos limites dos nanocristais, que é o caso dos pontos quânticos. Também a mistura da banda de inter-valência e o desvio da relação de dispersão quadrática não foi contada neste modelo. Foram incluídas correcções no modelo de massa efectiva multi-banda que é considerado mais aceitável em comparação com o modelo EMA. Isto explicou com sucesso os espectros de absorção de nanopartículas de CdSe, que dependem do tamanho observado.

1.2.2. O modelo Tight Binding

As deficiências do modelo EMA foram removidas no modelo de encadernação apertada. Os electrões de valência de ZnO (*Zn-3d* e *O-2p*) são os electrões de encadernação apertada. Por isso, consideramos um grande número de ondas planas para a sua expansão. A ideia foi apresentada por Fonoberov e Baladin [36] para lidar com esses electrões de ligação tão apertada em nanocristais de semicondutores e pontos quânticos. Viswanathan [37] apresentou este modelo de uma forma mais realista, considerando que os dois CB mais baixos têm a sua energia ~ 1 a 5 eV e a banda *O-p* como o VB da energia ~0 a -5 eV. Devido à forte mistura dos estados O-p e Zn-s, o CB mais baixo das bandas do tipo Zn-s altamente dispersivo emerge das orbitais de Zn-p. No entanto, o orbital *Zn-p* tem de ser incorporado para compreender esta mistura de orbitais O-p e *Zn-s*, a fim de perfurar os dois CB mais baixos. O grupo de 10 bandas planas aparece nas curvas de dispersão (a -5 eV) que correspondem aos d-orbitais dos dois tipos de Zn. As orbitais *Zn-d* são geralmente hibridizadas com as orbitais *O-p* e por isso é muito necessário considerar as orbitais Zn-d. Assim, a picturização do modelo de aproximação de ligação estreita é basicamente a formação de VB e CB de *Zn-sp d^{35}* e *O-p^3* orbitals. Moreira [38] utilizou o Hamiltoniano que é submetido à aproximação de núcleo congelado para a análise da estrutura electrónica através do modelo de encadernação apertada. Ele considerou os electrões de valência explicitamente e os electrões interiores são aproximados ao modelo de um pseudo potencial eficaz.

Lin e Hsieh [39] também propuseram um modelo de ligação semi-empírica apertada para a compreensão da estrutura electrónica de ZnO que negligencia a divisão do campo de cristal. A sobreposição das orbitais de Zn e O são essenciais para compreender o comportamento electrónico exacto de ZnO. Contudo, este método funciona bem com o ZnO a granel.

1.2.3. Modelo orbital linear de Muffin-Tin de potencial total

O modelo *orbital linear Muffin-Tin de potencial total* é basicamente a teoria funcional da densidade juntamente com a aproximação da densidade local onde não há aproximação na forma dos nanocristais. Por simplicidade matemática, a esfera de muffin-tin foi dividida em algumas pequenas zonas dentro das quais a equação de Schrodinger foi resolvida. Os níveis de energia de ZnO e os seus vários estados de defeito foram calculados utilizando este método por muitos investigadores [40-43]. Xu *et al.* [41] calcularam os níveis de energia de ZnO usando a teoria da função de densidade com a aproximação da densidade local usando uma super-célula de 16 átomos. Neste método, o valor calculado da diferença de banda de ZnO juntamente com os defeitos é 3,3 eV, que é o valor da diferença de banda medida de ZnO. Os níveis de energia dos vários estados de defeito de ZnO são mostrados na Fig. 1.2.

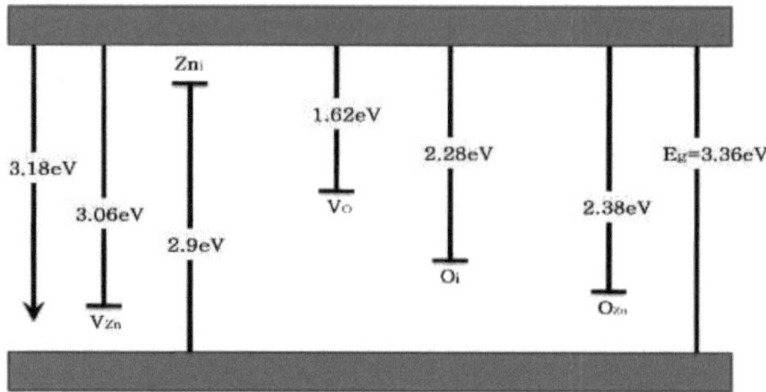

Figura 1.2: Níveis de energia defeituosa de ZnO

1.3. Química de defeitos de ZnO e emissões de nível profundo

Na estrutura cristalina de ZnO, todos os locais octaédricos e metade dos locais tetraédricos estão vazios. Assim, a estrutura de cristal de ZnO é muito aberta, o que influencia a existência de vários estados de defeito no cristal e também influencia o mecanismo de difusão. ZnO é normalmente um semicondutor do tipo n em vez de um semi-condutor intrínseco [44]. O zinco intersticial e a vacância de oxigénio actuam como dadores e são frequentemente invocados como fonte de elevada concentração portadora [45]. O oxigénio, em geral, apresenta três tipos de estados de carga de vacâncias de oxigénio como Vo^0 , Vo^+ , e Vo^{2+} . As vagas de oxigénio estão localizadas abaixo da parte inferior da banda de condução (CB) na sequência de Vo^0 , Vo^+ , e Vo^{2+} , de cima para baixo. Entre estas diferentes vagas de oxigénio, apenas o Vo^+ é paramagnético e pode responder à ressonância paramagnética electrónica [46]. Os níveis de aceitação rasos são criados a 0,3 eV e 0,4 eV acima do topo da banda de valância (VB) devido à vacância de zinco (v_{Zn}) e oxigénio intersticial (o_i), respectivamente. O intersticial de zinco (z_{ni}) produz um nível de doador pouco profundo a 0,5ev abaixo do fundo do CB [41,43].

No entanto, o mecanismo da emissão visível das nanoestruturas ZnO é ainda um assunto controverso. Dependendo dos valores de energia da transição permitida, a luz emitida aparece em diferentes regiões de cor do espectro electromagnético, conforme discutido abaixo.

1.3.1. Violeta e emissão vermelha

A emissão violeta ocorre por volta de 420 nm. Tem origem principalmente na recombinação de electrões nos interstícios de zinco e buracos na banda de valência. Os sítios intersticiais de zinco correspondem a um nível 0,46 eV abaixo do fundo da banda de condução. Assim, a transição deste estado para a banda de valência leva à emissão de cerca de 420 nm [10-12]. Também a possibilidade de recombinação entre os estados intersticiais de zinco e os estados de vacância de zinco dá origem à emissão de vermelho.

1.3.2. Emissão verde

Vanheusden [45] sugeriu uma correlação entre a luminescência verde das nanoestruturas de ZnO e as vagas de oxigénio ionizadas individualmente. Nos seus estudos, a emissão verde resulta da recombinação de um buraco gerado por uma foto para a vacância de oxigénio ionizado individualmente. No entanto, Dijken *et al.* [47] observaram emissão verde nas suas nanopartículas de ZnO quimicamente cultivadas. Sugeriram que a origem da emissão verde se devia à recombinação de uma banda de condução de electrões com um vazio de oxigénio duplamente ionizado. Este centro de recombinação é criado quando um vazio de oxigénio ionizado isoladamente prende um buraco. Assim, esta emissão verde é mais uma vez encontrada relacionada com o vazio de oxigénio ionizado isoladamente. Bylander *et al.* [48] propuseram um modelo segundo o qual a luminescência verde nas nanoestruturas de ZnO tem origem na recombinação entre o zinco intersticial e o Zn-vacancy. Egelhaaf *et al.* [49] explicaram a emissão verde a ser devida à transição entre a vacância de oxigénio ionizado individualmente e a vacância de zinco.

1.4. Abertura da banda óptica

O intervalo de banda é o parâmetro-chave dos materiais semicondutores no contexto da propriedade óptica. Por conseguinte, antes de entrar numa análise detalhada do comportamento óptico das nanoestruturas, o intervalo de banda E_g dos materiais precisa de ser determinado com precisão. Isto é rotineiramente estimado a partir da espectroscopia de absorção óptica. No bordo de absorção, o coeficiente de absorção α aumenta rapidamente com o aumento da energia do fotão incidente, hv dentro de um intervalo estreito. Assim, é essencial localizar exactamente o ponto que indica a energia de onde ocorre a subida acentuada de α.

Os materiais cristalinos obedecem à seguinte lei simples de potência que relaciona o coeficiente de absorção com a energia do fotão, dada por [50]

$$\alpha hv = A(hv - E_g)^n \qquad [1.2]$$

O valor de n é determinado pelo tipo de transição óptica associada. O seu valor é $^\wedge$ para a transição directa e é igual a 2 para a transição indirecta permitida. A é uma constante e Eg é o intervalo de banda do material. O comportamento da absorção óptica perto da margem de absorção na região de alta absorção foi analisado em pormenor por Davis-Mott [51] e Tauc [52]. Existem três tipos de absorção interbandas resultantes da transição entre (i) estados iniciais e finais localizados, (ii) estados iniciais localizados (alargados) e finais alargados (localizados), e (iii) estados iniciais e finais alargados. No modelo Davis- Mott, todas as transições envolvendo estados localizados iniciais e finais são negligenciadas. Portanto, a hipótese de encontrar um estado localizado (derivado da banda de condução e da banda de valência) é muito negligenciável. Mas a maior diferença do modelo Davis-Mott do modelo Tauc é que, "todas as transições foram assumidas como igualmente prováveis" no modelo Tauc [52]. Portanto, utilizando eq. (1.2), a trama de $(ahv)^2$ vs hv é uma linha recta. O valor do intervalo da banda pode ser determinado extrapolando para o eixo hv em $ahv = 0$.

1.5. Breve Revisão das Nanoestruturas de Óxido de Zinco Quimicamente Crescido

Relatórios sobre a fabricação de uma grande variedade de nanoestruturas ZnO apareceram em literaturas contemporâneas. Vários métodos, tais como deposição química e física de vapor, crescimento vapor-líquido-sólido [55], pulverização catódica (ac e dc) [56-57], método de descarga de arco, método de ablação a laser

[58] etc. foram desenvolvidos para fabricar essas nanoestruturas de ZnO. Mas a maioria destes processos são condicionados pela manutenção de condições experimentais rigorosas como baixa pressão, alta temperatura, taxa controlada de fluxo de gases portadores, etc. Por conseguinte, é muito importante desenvolver um método simples para fabricar nanoestruturas multidimensionais de ZnO através de uma técnica comum. Trabalhámos num método químico e electroquímico húmido simples para fabricar várias nanoestruturas de ZnO. O método é simples e fácil de adoptar no ambiente de laboratório. Seguindo esta receita, fabricámos uma variedade de nanoestruturas de várias formas, tamanhos e morfologia, no sentido de alcançar uma gama de propriedades de emissão óptica. Realizámos uma série de experiências para sintetizar estas várias nanoestruturas ZnO, variando os parâmetros do processo através da repetida fabricação e feedback da caracterização das propriedades estruturais e ópticas. A seguir, fornecemos uma breve revisão das diferentes nanoestruturas multidimensionais de ZnO (1-D, 2-D, esféricas e octaédricas e QDs) que são fabricadas experimentalmente e investigadas pelas suas diferentes propriedades optoelectrónicas de emissão. A discussão seria útil no contexto da nossa investigação sobre a fabricação e caracterização de ZnO descrita na presente tese.

1.1.1.1. D ZnO nanoestruturas

1.1.1.2. Nanorods ZnO

As nanoestruturas 1-D ZnO estão a ser amplamente investigadas devido à sua potencial aplicação em FETs, nanotransistores e nano-estruturas. Estas nanoestruturas estão também a prometer realizar interligações, bem como unidades funcionais na concepção de dispositivos electrónicos e optoelectrónicos. As estruturas 1-D, em particular as nanoestruturas são mais adequadas para a investigação de fenómenos de transporte em sistemas unidimensionais confinados. O estudo ajuda a compreender os fenómenos básicos de transporte que ocorrem em objectos de baixa dimensão e a compreensão seria útil na exploração de uma nova classe de nanodispositivos. A fabricação de nanodispositivos ZnO em folha de Zn através de métodos hidrotermais utilizando solução de sulfato de zinco a 60^0 C é relatada por F. Xu *et al.* [14]. Os nanorods apresentam um forte pico de emissão de UV de cerca de 384 nm. Este tipo de crescimento hidrotérmico a baixa temperatura dos nanorods ZnO também é relatado por outros investigadores [59-61]. Este crescimento da fase de solução das nanoestruturas de ZnO ganhou enorme popularidade devido à consolidação controlada, modulação da forma e remendo das nanoestruturas. Há também poucos relatórios [62,63] sobre as modificações superficiais de desidratação ou dissolução do acetato de zinco e condensação do crescimento das nanoestruturas de ZnO. O crescimento controlado de nanoestruturas de ZnO em vidro e substratos de Si foi relatado por Vayssieres *et al.* [64]. A morfologia das nanoestruturas cultivadas pelo método hidrotermal é normalmente modificada usando hexamina durante a deposição próxima do banho. A hexamina (HMT) desempenha dois papéis principais no crescimento hidrotérmico das nanoestruturas de ZnO. Durante o processo hidrotérmico, o HMT decompõe-se em formaldeído e amoníaco. Este amoníaco, por sua vez, aumenta o pH da solução, aumentando assim o crescimento da nanoestrutura. Além disso, devido ao nivelamento da superfície dos nanocristais de ZnO pela molécula HMT, é possível obter um crescimento selectivo orientado para a molécula. O crescimento hidrotérmico assistido por CTAB de micro varetas de ZnO em Zn-foil foi também relatado por Maiti *et al.* [65]. A temperatura de reacção foi baixa $\sim160^0$ C. Ao aumentar a concentração de CTAB, as microvaras mudaram para nanorods. O crescimento de nanorods de ZnO no vidro revestido de ITO por aquecimento controlado da mistura de nitrato de zinco equimolar e solução de HMT é relatado em [66] (por Hari *et al.*). Os nanorods de ZnO podem assumir tanto as estruturas hexagonais abertas como as fechadas, dependendo de diferentes condições experimentais. Por exemplo, a 95^0 C de temperatura e 4 horas de duração de crescimento, a estrutura tornou-se hexagonal aberta. Contudo, à medida que a duração do crescimento aumenta para 9 horas, formam-se estruturas hexagonais fechadas. O método catódico de electrodeposição também é relatado para fabricar nanorods ZnO. Os nanorods de ZnO foram cultivados em Zn- folha policristalina a partir de solução de cloreto de zinco a baixa temperatura $\sim 80^0$ C por Wong *et al.* [67]. Notavelmente, o aumento da concentração da solução leva ao aumento do diâmetro dos nanorods.

1.1.1.3. Nanotubos ZnO

Há relatórios sobre o crescimento químico dos nanotubos ZnO. Chu *et al*. [16] fabricaram nanotubos de ZnO em substratos através da gravação de matrizes de nanotubos de ZnO em solução aquosa. Os modelos de nanorods ZnO foram também anteriormente fabricados por deposição química em banho. Os nanotubos fabricados exibiam uma forte emissão de UV devido à transição das bordas da banda. No entanto, foram observados nanotubos ZnO cultivados sob diferentes condições de pH para mostrar variações nas intensidades de PL. Uma via geral de baixa temperatura para o fabrico em grande escala de matrizes de nanotubos ZnO foi relatada por Yu *et al*. [17]. As matrizes de nanotubos foram cultivadas em substratos de vidro com semente de ZnO mergulhados em solução aquosa de formol a 5%. Foram observados nanotubos de ZnO de diâmetro ~ 200-250 nm. Estes nanotubos exibem emissões de borda de banda próxima a ~ 400 nm. Wang *et al*. [67] relataram um tipo semelhante de solução química de nanotubos de ZnO em solução.

Chae *et al*. [18] tinham relatado o fabrico de nanotubos de ZnO monocristalinos num método químico de baixa temperatura utilizando nitrato de zinco e hexamina. Demonstraram que a variação do pH da solução leva a uma transformação morfológica de nanorodas para nanotubos. Assim, o pH da solução aquosa afecta a energia superficial entre as faces polares e não polares do nanocristal de ZnO. Esta diferença de energia superficial é pequena a pH elevado e, portanto, favorece o crescimento de nanocristais, levando à formação de estruturas tubulares. A fabricação de nanotubos ZnO por métodos de deposição de camadas atómicas, métodos MOCVD são também relatados por muitos investigadores [68 70].

1.1.1.4. Nanobelts ZnO

O estudo sobre os nanobelts de ZnO até à data é muito limitado. Wang *et al*. [71] relataram o fabrico de nanobelts de ZnO por evaporação térmica do pó de Zn à pressão de 300 torr sob um fluxo de gás Ar à taxa de 50 scm. A síntese directa de

ZnO a partir da evaporação de Zn-pó é muito difícil devido à alta temperatura de processamento ~1300^0 C. Há poucos relatórios sobre o fabrico de nanobelts de ZnO por VLS e método de evaporação térmica [71-74] a alguma temperatura inferior ~$700\text{-}900^0$ C. No entanto, sabe-se muito pouco sobre o fabrico químico/hidrotérmico de nanobelts de ZnO. O método hidrotérmico à base de sulfato de zinco no fabrico de nanobelts de ZnO na presença de carbamida e etanol a 160^0 C durante 24 horas é relatado em [75]. Num outro relatório de Xi *et al.* [20], foram observados nanobelts de ZnO na reacção hidrotérmica de nitrato de zinco e NaOH na presença de EDA e etanol. Este processo ocorre a 160^0 C e a duração do crescimento foi de 20 hrs [20]. Uma desvantagem de todos os métodos acima referidos é que requer um longo tempo de processamento de cerca de 20-24 horas.

1.1.1.5. Nanopencils ZnO

Nanopencils ZnO bem alinhados em Si-substratos foram fabricados por Ahsanulhaq *et al.* [76] num processo simples de solução aquosa a baixa temperatura. Xiao *et al.* [77] fabricaram matrizes de nanopencil ZnO sobre substratos de Si (100) piramidal utilizando um processo solvotérmico simples. A emissão de campo a partir dos nanopencilos foi estudada e o campo eléctrico ligado foi de ~ 3,8 V^m. O campo eléctrico limite era de cerca de ~ 5,8 V/micron. Estas nanop lápis têm uma emissão de campo muito melhor em comparação com as estruturas semelhantes cultivadas em substratos Si planos. O crescimento de nanop lápis de ZnO em substrato de Si por evaporação térmica é também relatado por Shen *et al.* [78]. Utilizaram uma camada adiabática para proporcionar uma queda abrupta de temperatura e uma elevada concentração de gás para o crescimento das nanoestruturas. Constatou-se que o campo excitante era de 7,2 V/iim. Contudo, este valor é mais para os nanonails de ZnO e é de ~7,9 V^m. A principal utilização dos nanopencils de ZnO é a emissão de campo. A pequena área da ponta leva a um grande campo na ponta dos lápis, levando à emissão de carga das nanoestruturas quando sujeitas a um campo eléctrico.

1.5.2. Nanoestruturas bidimensionais de óxido de zinco

As nano folhas de ZnO 2-D e a montagem em forma de rosas de nano folhas de ZnO são importantes devido à sua grande superfície que leva a várias aplicações de detecção de gases e químicos. Não há muitos relatórios sobre a síntese da montagem de nanohetas de ZnO. Pan *et al.* [22] relataram a montagem de nanohetas de ZnO pelo método hidrotérmico a uma temperatura de reacção de 190^0 C. Eftekhari *et al.* [79] fabricaram nanohetas de ZnO pelo método hidrotérmico a 180^0 C usando acetato de zinco como material precursor. Wang *et al.* [60] tinham relatado nanohetas de ZnO nanohetas hexagonais cristalinas de sulfato de zinco hepta-hidratado com tripolifosfato de sódio (STPP) mediadas por fosfato. Há também outro relatório de Deng *et al.* [80] sobre o processo de deposição de vapores sólidos na atmosfera de PbO. As nano folhas cristalinas simples eram ultra compridas e largas com espessura de cerca de 50-70 nm, largura de 50-100 mm e comprimento de 4-6 µm. Yang *et al.* [81] relataram nano folhas de ZnO em forma de flor cultivadas em substrato de Si pelo método hidrotermal. Mostraram que a concentração de iões OH⁻ em meio de crescimento tem um papel importante na formação de nano folhas de ZnO. Um tipo semelhante de nano folhas foi reportado utilizando hexamina como reagente indutor da forma [10]. Há também alguns relatórios sobre a fabricação de nano folhas/ paredes de ZnO por processo electroquímico [82].

1.5.3. Nanoestruturas tridimensionais de óxido de zinco

Variedades de nanoestruturas 3-D ZnO têm sido relatadas por muitos investigadores. Yang *et al.* [83] relataram a fabricação de microesferas de ZnO semelhantes a flores compostas de nanorods de ZnO, por oxidação térmica dos pós de ZnO. Jeang *et al.* [88] relataram variedade de nanoestruturas hierárquicas de ZnO por reacção hidrotérmica de nitrato de zinco e NaOH a 200^0 C. Através da variação da duração da reacção foram conseguidas variações morfológicas. Além disso, as morfologias são afectadas pela temperatura de reacção do processo hidrotermais. As nanoestruturas exibem PL visíveis devido a várias transições de defecções mediadas por defeitos.

A estrutura Octaédrica é muito raramente observada na família das nanoestruturas ZnO. Existem apenas literaturas limitadas que relatam sobre a octaédrica ZnO. Zheng *et al.* [85] relataram a fabricação de ZnO octaédrico por um método químico húmido de dois passos a partir dos precursores ZnCl2 e Na2SO4. Verificou-se que a estrutura porosa de ZnO octaédrico era composta por um grande número de nanopartículas em disposição aleatória. No entanto, estas nanoestruturas porosas de ZnO octaédricas exibiam uma boa actividade fotocatalítica. Um processo Polyol assistido por ultra-sons foi implantado com sucesso para fabricar etilenoglicol à base de alcóxido de zinco com morfologia octaédrica por Zhang *et al.* [86]. Este precursor do alcóxido foi posteriormente convertido em ZnO por tratamento térmico. A forma permaneceu inalterada. Este tipo de método de fabrico de Poliol de co-alcoóxido de octaédrico é também relatado por Larcher *et al.* [87]. No entanto, estes processos de fabrico requerem passos de síntese rigorosos a serem seguidos para se obterem as estruturas octaédricas.

1.5.4. Nanopartículas ZnO e pontos quânticos

Há vários relatórios sobre o fabrico de nanopartículas e pontos quânticos de ZnO por método químico. O processo básico envolvido é a reacção entre nitratos, acetato ou compostos de cloreto de Zn e precursores de NaOH [88-92]. A variação morfológica é obtida alterando a concentração dos precursores e a temperatura de reacção. A utilização de tensioactivo modifica a morfologia e as propriedades de luminescência das nanopartículas. Além disso, ao variar as condições do processo, o tamanho das partículas pode ser afinado. Wang *et al.* [93] relataram o fabrico de nanopartículas de ZnO através de um método químico de precipitação. A precipitação foi feita utilizando vários reagentes como carbamato de amónio, etc. As modificações da superfície das nanopartículas podem ser feitas usando PVA, PVP ou CTAB, etc. [65]. Estes surfactantes ajudam na constrição de tamanho das nanopartículas. O uso de água é por vezes evitado porque na reacção química, como os colóides de hidróxido de zinco são inicialmente formados. Assim, existem possibilidades definidas de formação de camadas de hidróxidos em torno das nanopartículas de ZnO e pontos quânticos. O confinamento do portador nos QDs leva ao melhoramento das nanoestruturas da banda. Assim, observamos uma forte emissão de UV [91]. Por vezes, para modular o tamanho da partícula e, consequentemente, a emissão PL, o doping é feito aos nanocristais ZnO. O dopante metálico substitui os Zn-ion dos cristais de ZnO. Tais incorporações substitutivas de iões metálicos conduzem à variação das emissões de PL, mesmo à mudança do pico de PL.

1.6. Aplicações de várias nanoestruturas ZnO

1.6.1.Óptica e optoelectrónica

O ZnO está a ser amplamente investigado devido às suas propriedades optoelectrónicas únicas em regime de nanoescala. É um semicondutor directo de banda larga de energia de banda larga ~3,4- 4 eV. Este intervalo de banda directa leva à emissão de fotões de ZnO devido a várias transições de banda para banda. Mostra uma emissão de UV muito forte. Também a alta energia de ligação de exciton leva à estabilidade da emissão. Portanto, é um material muito bom para a emissão de luz de comprimento de onda curto e lasers. A radiação UV de nanorods ZnO cultivados em VLS foi demonstrada com sucesso por Huang *et al.* [2]. Este tipo de laser UV de nano-fios ZnO é também relatado por Zhang *et al.* [1]. Para além desta emissão UV de borda de banda, também se observa a emissão visível de nanoestruturas de ZnO [9-12]. Estas emissões visíveis ocorrem devido a várias emissões relacionadas com defeitos. As emissões relacionadas com defeitos têm sido teoricamente analisadas por Fonoberov e Baladin [36]. O laminado vermelho a ~ 611 nm também foi mostrado por Chong *et al.* [94] em $Y_2O_3:Eu^{3+}$ /ZnO films à temperatura ambiente. O ZnO está actualmente a ser utilizado como fonte de luz branca e vários dispositivos de exibição [3]. ZnO está também a ser usado como camada de revestimento UV transparente em muitos dispositivos [8].

1.6.2.Sensores e actuadores

As nanoestruturas ZnO têm sido utilizadas em diferentes tipos de dispositivos sensores. O sensor de glucose baseado em nanorods ZnO é relatado por Mandal *et al.* [95]. Os sensores de GPL baseados em ZnO também são demonstrados por Pal *et al.* [96]. Estes sensores baseados em ZnO baseiam-se na variação da resistividade do ZnO na presença dos produtos químicos ou gases de detecção. A propriedade de absorção de humidade do ZnO é também utilizada para fabricar sensores de humidade. O princípio de medição baseia-se na variação do índice de refracção do ZnO sobre a absorção de humidade e propagação da luz numa fibra óptica [97]. O desempenho de detecção varia para diferentes morfologias de nanoestruturas de ZnO utilizadas nos dispositivos.

1.6.3.Produção de energia

ZnO exibe efeito piezoeléctrico. Song *et al.* [5] demonstraram a propriedade piezoeléctrica em nanotubos/nanorodas de ZnO cultivados por um método químico. Mais tarde, isto foi utilizado para fabricar um dispositivo gerador de energia utilizando matrizes de nanotubos ZnO dopados com fósforo cultivados em substratos de Si [5]. Os nanofios ZnO do tipo p produzem impulsos de tensão de saída positivos quando digitalizados por um microscópio de força atómica condutiva em modo de contacto. Os n-fios tipo n produzem impulsos de voltagem negativos quando digitalizados pelo AFM.

1.6.4.Aplicações biomédicas

As nanopartículas de óxido de zinco fornecem plataformas versáteis para aplicações biomédicas e intervenções terapêuticas. Da investigação tardia sobre nanomateriais de ZnO indicou a possibilidade de sintetizar uma nova classe de agentes anticancerígenos [98]. Há alguns relatórios sobre o efeito anti-câncer e antibacteriano das nanopartículas de ZnO. Sing *et al.* [98] estudaram o efeito dos QDs de ZnO sobre a actividade das bactérias E-coli. ZnO QDs com iões de acetato estão também a ser investigados no sentido de se conseguir uma actividade antibacteriana. Espera-se que as QDs de ZnO sejam de potencial aplicação na cura de infecções bacterianas. No entanto, a investigação contínua está a caminho de alcançar estes objectivos.

As várias aplicações de materiais de nanoestruturas ZnO estão resumidas no Quadro 1.1.

Quadro 1.1: Aplicações das nanoestruturas ZnO

	ÓPTICA E OPTOELECTRÓNICA • Grande intervalo de banda (3,37eV), alta energia de ligação de excitão - UV lasing • Emissão visível e transparência óptica relacionadas com os defeitos
PROPRIEDADES & APLICAÇÕES DE ZnO	**SENSORES &ACTUADORES** • Piezoeletricidade especialmente para aplicações de alta frequência • Piroelectricidade
	PRODUÇÃO DE ENERGIA - Conversão de energia mecânica em energia eléctrica
	- Foto catalisador para produção de H_2 a partir de $H2O$
	BIOMEDICAL - Biocompatível - Bio-degradável - Não tóxico
	PROCESSIBILIDADE • Estrutura e controlabilidade da propriedade • Fácil de sintetizar • Compatível com sala limpa

Esta monografia apresenta investigações detalhadas sobre a realização de uma variedade de nanoestruturas ZnO de diferentes tamanhos, formas e morfologia, seguidas da sua caracterização estrutural e óptica. A investigação proporciona uma compreensão abrangente do mecanismo de fabrico/crescimento e propriedades de emissão das nanoestruturas de ZnO que dariam uma contribuição única na investigação da nanoestrutura de ZnO.

REFERÊNCIAS

1.   Z. Zhang, H. Yuan, Y. Gao, J. Wang, D. Liu, J. Shen, L. Liu, W. Zhou, S. Xie, X. Wang X. Zhu, Y. Zhao, e L. Sun, (2007), Large-scale synthesis and optical behaviors of ZnO tetrapods, App. Phy. Lett., Vol.90, pp. 153116(1)- 153116(3)

2.   M. H. Huang,S. Mao, H. Feick,H. Yan, Y. Wu, H. Kind, E. Weber, R. Russo, P. Yang, RoomTemperature Ultraviolet Nanowire Nanolasers, Science, Vol.292, pp. 1897-1899

3.   M. C. McAlpine, R. S. Friedman, S. Jin, K. H. Lin, W. U. Wang, e C. M. Lieber, (2003), High-Performance Nanowire Electronics and Photonics on Glass and Plastic Substrates, Nano Lett., Vol.3, pp.1531-1535

4.   P. Bhattacharya, D. Varshney, K. Samanta, e R.S. Katiyar, (2009), Self-Assembled ZnO Nanostructure for Field Emission Devices, J. Nano Res., Vol.4, pp.19-25

5.   J. Song, J. Zhou, e Z. L. Wang, (2006), Piezoelectric e processo de geração de energia acoplada semicondutora de um único cinto/fios ZnO: A technology for harvesting electricity from the environment, Nano Lett., Vol.6(8), pp.1656-1662

6.   Y. Cui, Q. Q. Wei, H. K. Park, e C. M. Lieber, (2001), Nanowire Nanosensors for Highly- Sensitive, Selective and Integrated Detection of Biological and Chemical Species , Science, Vol.293, pp.1289-1292

7.   M. W. Shao, H. Yao, M. L. Zhang, N. B. Wong, Y. Y. Shan, e S. T. Lee, (2005), Fabrication and application of long strands of silicon nanowires as sensors for bovine serum albumin detection, Appl. Phys. Lett.,Vol. 87, pp.183106(1)- 183106 (3)

8.   J. X. Wang, X. W. Sun, A. Wei, Y. Lei, X. P. Cai, C. M. Li, e Z. L.Dong, (2006), Zinc oxide biosensor nanocomb para detecção de glucose, Appl. Phys. Lett., Vol. 88, pp.233106(1)- 233106 (3)

9.   Z. Zhang, H. Yuan, J. Zhou, D. Liu, S. Luo, Y. Miao, Y. Gao, J. Wang, L. Liu, L. Song, Y. Xiang, X. Zhao, W. Zhou, e S. Xie, (2006), Growth Mechanism, Photoluminescence, and Field-Emission Properties of ZnO Nanoneedle Arrays, J. Phys. Chem. B, Vol.110, 8566-8569

10.   P. K. Samanta, S. K. Patra, e P. R. Chaudhuri, (2009), Violet emission from flower-like ZnO nanosheets, Physics E, Vol. 41, pp. 664-667

11.   H. Q. Wang, G. Z. Wang, L. C. Jia, C. J. Tang, e G. H. Li, (2007), Polychromatic visible photoluminescence in porous ZnO nanotubes, J. Phys. D: Appl. Phys., Vol. 40, pp. 6549-6553

12.   Y. Li, G. W. Meng, L. D. Zhang, e F. Phillipp, (2000), Ordered semiconductor ZnO

nanowire arrays and their photoluminescence properties, Appl. Phys. Lett., Vol.76, pp.2011(1)2011(3)

13.   W. Li, M. Gao, R. Cheng, X. Zhang, S. Xie, e L. Peng, (2008), Angular dependent luminescence of individual suspended ZnO nanorods, Appl. Phys. Lett., Vol.93, pp.023117(1)023117(3)

14.   F. Xu, Z.-Y. Yuan, G.-H. Du, T.-Z. Ren, C. Volcke, P. Thiry e B.-L. Su, (2006), A low temperature aqueous solution route to large-scale growth of ZnO nanowire arrays, Journal of Non-Crystalline Solids, Vol.352, pp.2569-2574

15.   W. Hong, G. Jo, M. Choe, T. Lee, J. I. Sohn, e M. E. Welland, (2009), Influence of surface structure on the phonon-assisted emission process in the ZnO nanowires grown on homoepitaxial films, Appl. Phys. Lett., Vol.94, pp.043103(1)- 043103(3)

16.   D. Chu, Y. Masuda, T. Ohji, e K. Kato, (2010), Formation and Photocatalytic Application of ZnO Nanotubes Using Aqueous Solution, Langmuir, Vol.26(4), pp.2811-2815

17.   H. Yu, Z. Zhang, M. Han, X. Hao, e F. Zhu, (2005), A General Low-Temperature Route for Large-Scale Fabrication of Highly Oriented ZnO Nanorod / Nanotube Arrays, J. Am. Chem., Vol.127, pp.2378-2379

18.   K. Chae, Q. Zhang, J. S. Kim, Y. Jeong, e G. Cao, (2010), Low temperature solution growth of ZnO nanotubes array, Beilstein J. Nanotechnol., Vol.1, pp. 128-134

19.   Z. L. Wang, (2004), Zinc oxide nanotructures: growth, properties and Applications, J. Phys: Condensados. Matéria, Vol.16, pp. R829-R858

20.   Y. Xi, C.G. Hu, X.Y. Han, Y.F. Xiong, P.X. Gao, G.B. Liu, (2007), Hydrothermal synthesis of ZnO nanobelts and gas sensitivity property, Solid State Communications, Vol.14, pp. 506-509

21.   Y. Ni, G. Wu, X. Zhang, X. Cao, G. Hu, A. Tao, Z. Yang, e X. Wei, (2008), Hydrothermal preparation, characterization and property research of flowerlike ZnO nanocrystals built up by nanoflakes, Materials Research Bulletin, Vol.43,pp.2919-2928

22.   A. Pan, R. Yu, S. Xie, Z. Zhang, C. Jin, B. Zou, (2005), ZnO flowers made upof thin nanosheets and their optical properties, Journal of Crystal Growth, Vol.282, pp.165-172

23.   C. Xu, K. Yang, L. Huang, e H. Wang, (2010), Vertically aligned ZnO nanodisks and their uses in bulk heterojunction solar cells, J. Renewable Sustainable Energy, Vol.2, pp.053101053103

24.	Y. Tian, H. Lu, J. Li , Y. Wu, e Q. Fu, (2010), Synthesis, characterization and photoluminescence properties of ZnO hexagonal pyramids by the thermal evapororation method, Physica E, Vol.43, pp.410-414

25.	Y.Y. Tay, S. Li , F. Boey, Y.H. Cheng, e M.H. Liang, (2007), Growth mechanism of spherical ZnO nanostructures synthesized via colloid chemistry, Physica B, Vol.394, pp.372376

26.	X. Qu, e D. Jia, (2009), Synthesis of octahedral ZnO mesoscale superstructures via thermal decomposing octahedral zinc hydroxide precursors, Journal of Crystal Growth, Vol. 311, pp.1223-1228

27.	D. Bera, L. Qian, S. Sabui, S. Santra, e P. Holloway, (2008), Photoluminescence of ZnO quantum dots produced by a sol-gel process, Optical Materials, Vol.30, pp.1233-1239

28.	P. K. Basu, E. Bontempi, S. Maji, H. Saha, e S. Basu, (2009),Variation of optical band gap in anodically grown nanocrystalline ZnO thin films at room temperature-effect of electrolyte concentrations, J Mater Sci: Mater Electron, Vol. 20, pp.1203-1207

29.	D. Jana, A. Vojtech, K. Rene, e H. Jaromir, (2009), Quantum Dots-Characterization, Preparation and Usage in Biological Systems, Int. J. Mol. Sci.,Vol.10, pp. 656-673

30.	L. Y. Wu, B. M. Ross, S. G. Hong, e L. P. Lee, (2010), Bioinspired Nanocorals with Decoupled Cellular Targeting and Sensing Functionality, Small, Vol.6, pp. 503-507

31.	ü. Ozgiir, Y... I. Alivov, C. Liu, A. Teke, M. A. Reshchikov, S. Dogan, V. Avrutin, S.-J. Cho, e H. Vlorkoc, (2005), A comprehensive review of ZnO materials and devices, J. Appl. Phys, Vol.98, pp.041301(1)- 041301(103)

32.	A. B. M. A. Ashrafi, A. Ueta, A. Avramescu, H. Kumano, I. Suemune, Y.-W. Ok, e T.Y. Seong, (2000), Growth and characterization of hypothetical zinc-blende ZnO films on GaAs(001) substratos com camadas tampão ZnS, Appl. Phys. Lett., Vol.76, pp.550(1)-550(3)

33.	K. -F. Berggren, e B. E. Sernelius, (1981), Band-gap estreitando em semicondutores fortemente dopados Manyvalley, Phys. Rev. B, Vol.24, No.4, pp.1971 - 1986

34.	S. Y. Wei, L. L. Wei, C. X. Xia, X. Zhao, e Y. Wang, (2008), Exciton states and interband optical transitions in ZnO/MgZnO quantum dots, Journal of Luminescence, Vol.128,pp.1285- 1290

35.	M. K. Patra, V. S. Choudhry, e K. Kumar, (2008), Optically transparent colloidal suspensions of single crystalline ZnO quantum dots prepared by simple wet-chemistry,

Vol.10, pp.25882591

36.   V. A. Fonoberov, e A. A. Balandin, (2004), Origin of ultraviolet photoluminescence in ZnO quantum dots: Excitões confinados versus complexos de excitões de impurezas de superfície, App. Phys. Lett., Vol.85, No.24, pp.5971-5973

37.   R. Viswanatha, S. Sapra, B. Satpati, P. V. Satyam, B. N. Dev, e D. D. Sarma, (2004), Understanding the quantum size effects in ZnO nanocrystals, Journal of Material Chemistry, Vol.14, pp.661-668

38.   N. H. Moreira, A. L. da Rosa, e T. Frauenheim, (2009), Covalent functionalization of ZnO surfaces: A density functional tight binding study, Appl. Phys. Lett., Vol.94, No.19, pp.193109 (1) -193109 (3)

39.   K.-F. Lin, e W.-F. Hsieh, (2008), Estruturas electrónicas e estados de superfície do poço finito ZnO

estruturas, J. Phys. D: Appl. Phys., Vol.41, No.21, pp.215307(1)- 215307(6)

40.   B. X. Lin, Z. X. Fu, e Y. B. Jia, (2001), Green luminescent center in undoped zinc oxide films depositados em substratos de silício, Appl. Phys. Lett., Vol. 79, pp. 943(1)-943(3)

41.   P. S. Xu, Y. M. Sun, C. S. Shi, F. Q. Xu, e H. B. Pan, (2003), The electronic structure and spectral properties of ZnO and its defects, Nucl. Instrum. Métodos Res. Phys. B, Vol.199, pp.286-290

42.   X. M. Fan, J. S. Lian, Z. X. Guo, e H. J. Liu, (2005), Microstructure and photoluminescence properties of ZnO thin films grown by PLD on Si(1 1 1) substratos, Appl. Surf. Sci.,Vol.239, pp.176-181

43.   F. A. Kroger, (1964), The Chemistry of Imperfect Crystals, Amesterdão: North-Holland, pp. 691

44.   C. G. Van de Walle, (2001), Defect analysis and engineering in ZnO, Physica B, Vol.308-310, pp.899-903

45.   K. Vanheusden, W. L. Warren, C. H. Seager, D. R. Tallant, e J. A. Voigt, (1996), Mechanisms behind green photoluminescence in ZnO phosphor powders, J. Appl. Phys., Vol.79, pp.7983 -7990

46.   D. Li,Y. H. Leung, A. B. Djurisic, Z. T. Liu, M. H. Xie, S. L. Shi, S. J. Xu, e W. K. Chan, (2004), Different origins of visible luminescence in ZnO nanostructures fabricated by the chemical and evapororation methods, Appl. Phys. Lett., Vol.89, pp.1601-1603

47.   A. Dijken, E.A. Meulenkamp, D. Vanmaekelbergh, e A. Meijerink , (2000), The Kinetics of the Radiative and Nonradiative Processes in Nanocrystalline ZnO Particles upon Photoexcitation, J. Phys. Chem. B, Vol.104, pp.1715-1723

48.   E. G. Bylander, (1978), Surface effects on the lowenergy cathodoluminescence of zinc oxide, J. Appl. Phys.,Vol. 49, pp.1188-1195

49.   H. -J. Egelhaaf, e D. Oelkrug, (1996), Luminescência e desactivação não radiativa de estados excitados envolvendo centros de defeitos de oxigénio em ZnO policristalino, J. Cryst. Growth, Vol.161, 190194

50.   J. I. Pankove, (1971), Optical Processes in Semiconductors, Englewood Cliffs, NJ: PrenticeHall

51.   E. A. Davis, e N. F. Mott, (1970), Condução em sistemas não cristalinos V. condutividade, absorção óptica e fotocondutividade em semicondutores amorfos, Philos. Mag., Vol.22, No.179, pp.903-922

52.   J. Tauc, (1969), In optical properties of solids (eds. S. Nudelman e S. S. Mitra). Plenum Press, Nova Iorque

53.   J. Wu, e S. Liu, (2001), Low-Temperature Growth of Well-Aligned ZnO Nanorods by Chemical Vapor Deposition, Adv. Mater., Vol.14, No.3, pp.215-218

54.   L. E. Halliburton, N. C. Giles, N. Y. Garces, M. Luo, C. Xu, L. Bai, e L. A. Boatner, (2005), Production of native donors in ZnO by annealing at high temperature in Zn vapor, Appl. Phy. Lett., Vol.87, pp.172108(1)- 172108(3)

55.   J. Park, J. Park, (2006), Synthesis of ultrawide ZnO nanosheets, Current Applied Physics, Vol. 6, pp.1020-1023

56.   I. Kim, S. Jeong, S. S. Kim, e B. Lee, (2004), Magnetron sputtering growth and characterization of high quality single crystal ZnO thin films on sapphire substrates, Semicond. Sci. Technol., Vol 19, pp. L29-L31

57.   S. Jeong, B. Kim, e B. Lee, (2003), Photoluminescence dependence of ZnO films grown on Si(100) by radio-frequency magnetron sputtering on the growth environment, Appl. Phys. Lett., Vol.82, pp.2625-2627

58.   A. Fouchet, W. Prellier, B. Mercey, L. Mechin, V. N. Kulkarni e T. Venkatesan, (2004), Investigação de películas finas de ZnO com znO ablacionado a laser cultivadas com alvo metálico Zn: A structural study, J. Appl. Phys., Vol.96, No. 6, pp.3228-3233

59.   Y. W. Koh, e K. P. Loh, (2005), Hexagonally packed zincobyxxxxxxxxonorod

bundles on hydrotalcite sheets, J. Mater. Chem., Vol.15, pp.2508-2514

60. Y. Wang, X. F., J. Sun, (2009), Hydrothermal synthesis of phosphate-mediated ZnO nanosheets, Materials Letters, Vol.63, pp.350-352

61. L. Tang, X. Bao, H. Zhou, e A. Yuan, (2008), Synthesis and characterization of ZnO nanorods by a simple single-source hydrothermal method, Physica E, Vol.40, pp.924-928

62. L. Spanhel, (200), nanoestruturas coloidais de ZnO e revestimentos funcionais: A survey, J. Sol-Gel Sci. Technol., Vol.39, pp.7-24

63. X. Ma, H. Zhang, Y. Ji, J. Xu, e D. Yang, (2005), Sequential occurrence of ZnO nanopaticles, nanorods, and nanotips during ydrothermal process in a dilute aqueous solution, Mater. Lett., Vol.59, pp.3393-3397

64. L. Vayssieres, (2003)Growth of Arrayed Nanorods and Nanowires of ZnO from Aqueous Solutions, Adv. Mater., Vol.15, pp.464-466

65. U. N. Maiti, S. Nandy, S. Karan, B. Mallik, K. K. Chattopadhyay, (2008), Enhanced optical and field emission properties of CTAB-assisted hydrothermal grown ZnO nanorods, Appl. Surf. Sci., Vol.254, pp.7266-7271

66. P. Hari, M. Baumer, W.D. Tennyson, e L.A. Bumm, (2008), ZnO nanorod growth by chemical bath method, Journal of Non-Crystalline Solids, Vol.354, pp.2843-2848

67. Z. Wang, X. Qian, J. Yin, e Z. Zhu, (2004), Large-Scale Fabrication of Tower-like, Flowerlike, and Tube-like ZnO Arrays by a Simple Chemical Solution Route, Langmuir, Vol.20, pp.3441-3448

68. Y. Chang, S. Wang, C. Liu, e C. Chen, (2010), Fabrication and Characteristics of SelfAligned ZnO Nanotube and Nanorod Arrays on Si Substrates by Atomic Layer Deposition, J. Electrochem. Soc., Vol.157, pp.K236-K241 (2010)

69. C. C. Wu, D. S. Wuu, P. R. Lin, T. N. Chen, e R. H. Horng, (2009), Three-Step Growth of Well-Aligned ZnO Nanotube Arrays by Self-Catalyzed Metalorganic Chemical Vapor Deposition Method, Cryst. Growth Des.,Vol.9 (10), pp. 4555-4561

70. Y. Xi, J. Song, S. Xu, R. Yang, Z. Gao, C. Hu, e Z. L. Wang, (2009), Growth of ZnO nanotube arrays and nanotube based piezoelectric nanogenerators, J. Mater. Chem., Vol.19, pp.9260-9264

71. Z. L. Wang, (2009), ZnO nanowire e plataforma nanobelt para nanotecnologia, Mater. Sci. Eng., Vol.R 64, 33-71

72.   Y. Ding e Z. L. Wang,(2009), Structures of planar defects in ZnO nanobelts and nanowires, Micron, Vol. 40, pp.335-342.

73.   Z. L. Wang,(2004), Zinc oxide nanotructures: growth, properties and Applications, J. Phys: Condensados. Matéria, Vol. 16, pp. R829-R858

74.   W. Wang, B. Zeng, J. Yang, B. Poudel, J. Huang, M. J. Naughton, e Z. Ren, (2006), Aligned Ultralong ZnO Nanobelts and Their Enhanced Field Emission, Adv. Mater., Vol.18, pp.32753278

75.   X. Y. Zhang, J. Y. Dai, H. C. Ong, N. Wang, H. L. W. Chan, e C. L. Choy, (2004), Hydrothermal synthesis of oriented ZnO nanobelts and their temperature dependent photoluminescence, Chemical Physics Letters, Vol.393, pp.17-21

76.   Q. Ahsanulhaq, A. Umar, e Y. B. Hahn, (2007), Growth of aligned ZnO nanorods and nanopencils on ZnO/Si in aqueous solution: growth mechanism and structural and optical properties, *Nanotechnology, Vol.*18, pp. 115603-115608

77.   J. Xiao, Y. Wu, W. Zhang, X. Bai, L. Yu, S. Li, e G. Zhang, (2008), Enhanced field emission from ZnO nanopencils by using pyramidal Si(1 0 0) substratos, Appl. Surf. Sci., Vol.254, pp. 5426-5430

78.   G. Shen, Y. Bando, B. Liu, D. Golberg, e C. Lee, (2006), Characterization and FieldEmission Properties of Vertically Aligned ZnO Nanonails and Nanopencils Fabricated by a Modified Thermal-Evaporation Process, Adv. Diversos. Mater., Vol.16, pp.410-416

79.   A. Eftekhari, F. Molaei, e H. Arami, (2006), Flower-like bundles of ZnO nanosheets as an intermediate between hollow nanosphere and nanoparticles, Mater. Sci. Eng. A, Vol. 437, pp. 446-450

80.   G. Deng, A. Ding, X. Zheng, W. Cheng, e P. Qiu, (2005), Growth and optical property of zinc oxide thornballs, Materials Research Bulletin, Vol.40, pp.903-910

81.   J. H. Yang, J. H. Zheng, H. J. Zhai, L. L. Yang, J. H. Lang, e M. Gao, (2009), Growth mechanism and optical properties of ZnO nanosheets by the hydrothermal method on Si substrates, Journal of Alloys and Compounds, Vol.481, pp. 628-631

82.   P. K. Samanta, S. Basak e P. R. Chaudhuri, (2011), Electrochemical growth of ZnO microspheres and nanosheets, Advanced Science Letters, Vol.4, pp.1-4

83.   Y. Yang, D. S. Kim, R. Scholz, M. Knez, S. M. Lee,U. Gosele, e M. Zacharias, (2008), Hierarchical Three-Dimensional ZnO and Their Shape-Preserving Transformation into Hollow ZnAl2O4 Nanostructures, Chem. Mater., Vol. 20,pp. 3487-3494

84.   P. Jiang, J. Zhou, H. Fang, C. Wang, Z. L. Wang, e S. Xie, (2007), Hierarchical Shelled ZnO Structures Made of Bunched Nanowire Arrays, Adv. Diversas. Mater., Vol. 17, pp.1303-1310

85.   J. Zheng, Z. Jiang, Z. Xie, R. Huang, e L. Zheng, (2009), Shape-controlled fabrication of porous ZnO architectures and their photocatalytic properties, Journal of Solid State Chemistry, Vol. 182, pp.115-121

86.   J. Zhang, P. Zhu, J. Li, J. Chen, Z. Wu, e Z. Zhang, (2009), Fabrication of OctahedralShaped Polyol-Based Zinc Alkoxide Particles and Their Conversion to Octahedral Polycrystalline ZnO or Single-Crystal ZnO Nanoparticles, Crystal Growth & Design, Vol. 9, pp. 2329-2334

87.   D. Larcher, G. Sudant, R. Patrice, e J.-M. Tarascon, (2003), Some Insights on the Use of Polyols-Based Metal Alkoxides Powders as Precursors for Tailored Metal-Oxides Particles, Chem. Mater.,Vol.15,pp. 3543-3551

88.   D. Bera, L. Qian, S. Sabui, S. Santra, P. H. Holloway, (2008), Photoluminescence of ZnO quantum dots produced by a sol-gel process Optical Materials, Vol. 30, pp.1233-1239

89.   S. Mahamuni, K. Borgohain, e B. S. Bendre, (1999), Spectroscopic and structural characterization of electrochemically grown ZnO quantum dots J. Appl. Phys., Vol.85, pp. 2861-2865

90.   L. Ma" dler, W. J. Stark, e S. E. Pratsinis, (2002), Rapid synthesis of stable ZnO quantum dots, J. Appl. Phys., Vol. 92, pp.6537-6540

91.   Y. Fu, X. Du, S. A. Kulinich, J. Qiu, W. Qin, Rui Li, J. Sun, e J. Liu, (2007), Stable Aqueous Dispersion of ZnO Quantum Dots with Strong Blue Emission via Simple Solution Route, J. Am. Chem. Soc., Vol.129, pp.16029-16033

92.   K. Kim, e N. Koguchi, (2004), Fabrication of ZnO quantum dots embedded in an amorphous oxide layer, Appl. Phys. Lett., Vol.84, pp.3811(1)-3811(3)

93.   L. Wang, e M. Muhammed, (1999), Synthesis of zinc oxide nanoparticles with controlled morphology, J. Mater. Chem., Vol.9, pp.2871-2878

94.   M. K. Chong, A. P. Abiyasa, K. Pita, S. F. Yu, (2009), Visible red random lasing in $Y_2O_3{:}Eu^{3+}$/ZnO polycrystalline thin films by energy transfer from ZnO films to Eu^{3+}, Applied Physics Letters, Vol.93, pp.151105(1) - 151105(3)

95.   S. Mandal, H. Mullick, A. Dhar, S. K. Ray, (2009), Amperometric Detection of Glucose Biomolecules Using ZnO Tripods and Nanorods: A Comparative Study, Sensor

Letters, Vol. 7, pp. 635-639

96.   S. Majumder, S. Dalui,R. Bhar, e A. K. Pal, (2008), Synthesis of Pd/SnO2 films by wet chemical route for LPG sensor, The European Physical Journal: Applied Physics, Vol.42, pp.193-202

97.   S. Chang, S. Chang, C. Lu, M. Li, C. Hsu, Y. Chiou , T. Hsueh, e I. Chen, (2010), A ZnO

nanowire-based moisture sensor, Superlattices and Microstructures, Vol. 47, pp. 772-778

98.   P. Joshi, S. Chakraborti, P. Chakrabarti, D. Haranath, V. Shanker, Z. A. Ansari, S. P. Singh, e V. Gupta, (2009), Role of Surface Adsorbed Anionic Species in Antibacterial Activity of ZnO Quantum Dots Against Escherichia coli, Journal of Nanoscience and Nanotechnology, Vol.9, pp.6427-6433

CAPÍTULO 2. PROCEDIMENTOS DE CARACTERIZAÇÃO EXPERIMENTAL

2.1. Introdução

As nanoestruturas ZnO fabricadas necessitam de várias caracterizações morfológicas, estruturais e ópticas para compreender em profundidade a relação estrutura-propriedade e as suas implicações na configuração do dispositivo. A caracterização morfológica e estrutural envolveu o estudo utilizando microscopia electrónica de varrimento por emissão de campo (FESEM), microscopia electrónica de transmissão (TEM) e difracção de raios X (XRD). As propriedades ópticas das nanoestruturas ZnO fabricadas foram investigadas através do estudo das propriedades de espectroscopia visível UV e fotoluminescência (PL), estudadas repetidamente. Várias técnicas de caracterização e os instrumentos correspondentes com os detalhes de especificação de vários parâmetros relacionados com os instrumentos são aqui discutidos.

2.2. Técnicas de caracterização

2.2.1. Caracterização estrutural

2.2.1.1. Difracção de raios X em pó

As propriedades físicas dos sólidos, nomeadamente as propriedades eléctricas, ópticas, magnéticas, dieléctricas, piezoeléctricas, dependem da disposição de vários átomos nos sólidos. Por conseguinte, é muito necessário estudar a estrutura dos materiais, tendo em vista as suas aplicações relacionadas com estas características. A difracção de raios X (**DRX**) é a mais

técnica conveniente e comummente utilizada para a caracterização estrutural dos materiais. Existem várias técnicas para este estudo de difracção de raios X:

(i)   Difracção de raios X em pó

(ii) Método Laue

(iii) Método de cristal rotativo

Destes processos, o **método de difracção de pó** é o processo mais fácil de estudar a difracção de raios X a partir dos materiais, disponível sob a forma de pó. Por "pó", entendemos grãos policristalinos, mas também podemos utilizar um pedaço de metal ou pellets de amostras em pó. Aqui assume-se que os cristais são aleatoriamente orientados de modo a que existam sempre alguns cristais orientados para que a condição de Bragg seja satisfeita para qualquer conjunto de planos (ver Fig. 2.1). A condição de Bragg para difracção de raios X é dada pela fórmula bem conhecida:

$$2d_{hkl} \sin \theta_{hkl} = n\lambda \qquad\qquad [2.1]$$

Aqui θ_{hkl} é o ângulo de difracção e d_{hkl} é o espaçamento entre os planos *(hkl)*; λ é o comprimento de onda do raio X utilizado.

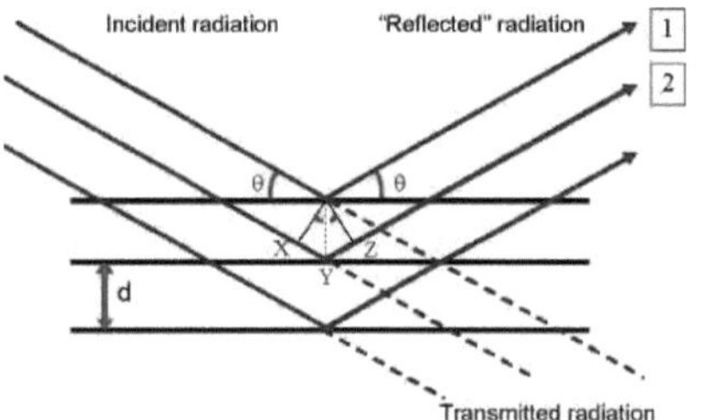

Figura 2.1: Esquema da difracção de raios X a partir da malha

A partir da análise do padrão de difracção de raios X obtemos as seguintes informações sobre o sólido:

(i)   A cristalinidade dos materiais e a formação do sistema material podem ser determinadas

(ii)   Estrutura da célula unitária, parâmetros da malha e índices do moleiro.

(iii)   Várias fases presentes no material

(iv)   Uma estimativa da quantidade de conteúdo cristalino e amorfo na amostra.

(v)   Tamanho cristalino médio.

(vi)   Distorção estrutural resultante da variação do *espaçamento d* causada por deformação e distorção térmica.

(vii) Várias falhas no cristal.

Detalhes do instrumento

Os dados XRD das amostras em pó foram recolhidos num difractómetro de raios X RIGAKU. A fonte do raio X é a radiação convencional $Cu-K_a$ de comprimento de onda = 1,54 Â. Os dados da difracção foram registados num intervalo angular de 30^0 $<2\theta<60^0$ por uma câmara de ionização.

2.2.1.2. Difracção da incidência de raios X nas pastagens

O método de difracção do pó é muito útil para amostras em pó, mas o problema surge quando queremos estudar a estrutura cristalina de filmes finos, mono camadas. Nestes casos, o número de planos *(hkl)* é muito reduzido e a intensidade de difracção resultante é demasiado baixa para se poder separar da intensidade de dispersão dos substratos e do fundo. A difracção de raios X (**GIXRD**) de incidência de pastoreio é muito útil neste caso. Este sinal de difracção baixo e alta intensidade de fundo torna a medição difícil de identificar as várias fases que compõem o sistema material.

A solução para este problema é estudar a incidência de difracção de raios X no pastoreio (GIXRD). É uma técnica muito popular e eficaz para o estudo da difracção de raios X de filmes finos (espessura até ~10 nm). O problema da baixa intensidade da difracção no caso anterior, tal como discutido, pode ser resolvido aumentando o comprimento do percurso do raio X através dos materiais da película fina. Na configuração de difracção de película fina, o incidente e os raios X difratados são feitos quase em paralelo com uma fenda de Soller utilizada no lado do detector. O raio X incidente cai sobre a película fina com um ângulo de visão muito pequeno em relação à superfície da amostra (~1 -3^{00}), o que faz com que o raio X incidente percorra uma longa distância através da amostra, aumentando a intensidade da difracção. O detector é tipicamente uma câmara de ionização. Permite rodar ao longo da gama angular de medições, mantendo o feixe incidente, e a película fina na mesma posição.

Detalhes do instrumento

Os dados GIXRD das amostras foram recolhidos num difractómetro PHILLIPS (PW3373) X'PERT-PRO (ver Fig. 2.2). A fonte do raio X é a radiação convencional Cu-K$_a$ de comprimento de onda = 1,54 Â. O ângulo entre o feixe incidente e a superfície do filme é mantido fixo a 1^0 com um tamanho de passo de $0,02^0$ e os dados da difracção foram registados num intervalo angular de $30^0 < 2\theta < 60^0$.

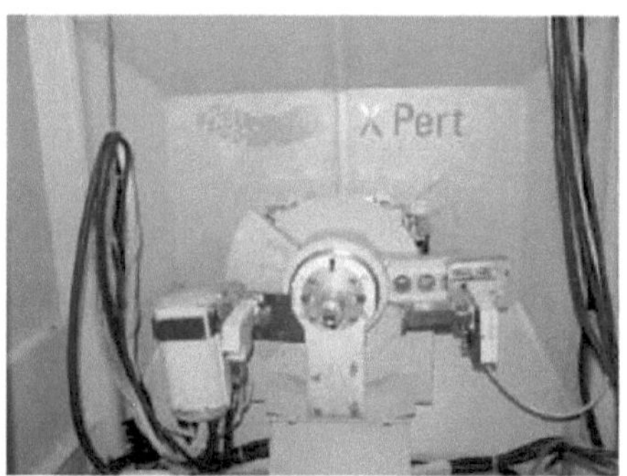

Figura 2.2: PHILLIPS (PW3373) Difractómetro X'PERT-PRO

Pacote de software

A versão de origem 8.0 foi utilizada para traçar os dados XRD e também para a adaptação gaussiana dos picos de difracção.

Limitações

Embora esta técnica seja adequada para estudar a difracção de raios X a partir de películas finas, ainda tem algumas limitações. O conhecimento destas irá ajudar o estudo de forma mais eficaz. Estas são:

a. Se a rugosidade da superfície for elevada, então os resultados obtidos podem não ser precisos b. A maioria dos raios X são perdidos (desperdiçados) devido à incidência de pastoreio

2.2.1.3. Microscopia Electrónica de Varrimento de Emissões de Campo

A microscopia electrónica de varrimento (**SEM**) é uma ferramenta popular e útil para estudar e analisar a morfologia dos materiais em nanoescala. Neste instrumento são utilizados electrões excitados termicamente em vez de ondas de luz (como no microscópio comum) para observar a morfologia da amostra em investigação. Os electrões são altamente energizados e por isso o seu comprimento de onda de-Broglie é muito pequeno, o que leva à alta resolução do microscópio electrónico. Lentes electromagnéticas especialmente construídas, utilizadas para focar o feixe de electrões na superfície da amostra. Isto facilita dois grandes benefícios da SEM: alcance de ampliação e profundidade de campo na imagem, dando informações de imagem em 3-D.

Mas num microscópio electrónico de varrimento por emissão de campo (**FESEM**), os electrões são gerados pela aplicação de um campo eléctrico muito elevado. O sistema de lente electromagnética é utilizado para focar o feixe. Este feixe de electrões, após impacto na superfície da amostra, produz electrões secundários gerados pela dispersão dos átomos e electrões da amostra, que são depois recolhidos e processados para obter a topografia da superfície da amostra da amostra. No canhão de electrões de um FESEM, o cátodo fornece um feixe estreito de electrões, tanto de alta como de baixa energia. Isto resulta tanto na melhoria da resolução espacial como na minimização dos danos da amostra devido ao carregamento. O feixe de electrões incidente na interacção com a amostra sólida produz iões secundários que são depois processados para a imagem. Os electrões secundários dispersos atrás também são observados na interacção com o feixe de electrões sólidos. Os electrões, que são emitidos da amostra com energia <50 eV, são conhecidos como *electrões secundários,* e os que são emitidos com energia > 50 eV são chamados *electrões de volta dispersos.* Na FESEM, estes electrões secundários são utilizados para a imagem da amostra. O feixe de electrões é varrido sobre a superfície da amostra e os electrões secundários emitidos são recolhidos por um detector.

A saída do detector é então modulada e processada para efeitos de imagem.

Detalhes do instrumento

A FESEM utilizada para a caracterização morfológica das nossas amostras é mostrada na Fig. 2.3. Era uma ZEISS SUPRA-40 FESEM, operando a uma tensão de aceleração de 5 kV e a distância de trabalho entre as amostras e o detector era de ~1,5 cm do topo da amostra. Esta FESEM é acompanhada por uma configuração espectroscópica dispersiva de energia OXFORD in-situ (**EDS**) para analisar a composição das amostras em investigação.

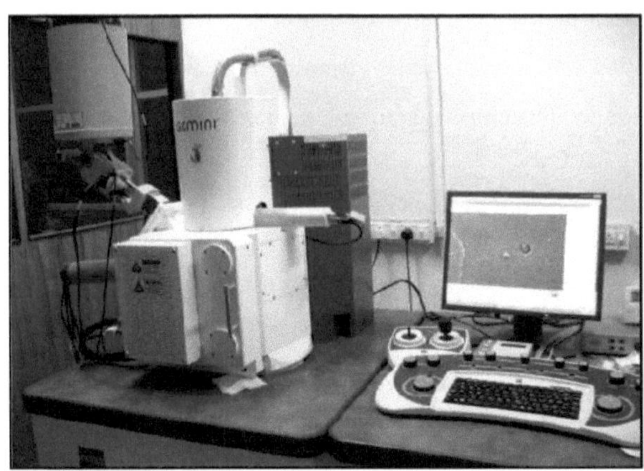

Figura 2.3: ZEISS SUPRA-40 FESEM

Aplicações

a)   A imagem da superfície de um material pode ser utilizada muito facilmente com a FESEM e tem uma resolução muito alta em comparação com o SEM termiónico. Assim, produz uma imagem de muito alta qualidade das superfícies das amostras.

b)   Também é possível fazer imagens da secção transversal, o que é muito útil em caso de observação da fonte, drenagem, portão, etc. de FETs.

c)   A análise da composição *in situ* permite-nos a stochiometria das amostras.

2.2.1.4. Microscopia Electrónica de Transmissão

No microscópio electrónico de transmissão (**TEM**), é permitido transmitir um feixe de electrões através de uma fina camada de amostra. O espécime é suportado numa grelha revestida de carbono. Enquanto a transmissão através da amostra, os electrões interagem com o material. O TEM tem três partes principais - (i) o *sistema de iluminação* onde o feixe de electrões é emitido a partir do canhão de electrões. O feixe de electrões pode ser um feixe largo ou um feixe focado. O feixe de electrões é então autorizado a passar através da amostra. Na Fig. 2.4(a), a parte por cima da amostra pertence ao sistema de iluminação. (ii) A segunda parte é a *lente objectiva e a fase*. Estas duas são a parte mais importante de um TEM, chamada o *coração* do TEM e (iii) a terceira parte é o *sistema de imagem*. É composto por várias lentes intermédias e lentes de projector e alguns dispositivos de ligação que produzem a imagem. No plano focal posterior da lente objectiva, são formadas as imagens do espécime. A imagem pode ser obtida em dois modos diferentes - o padrão de difracção e a imagem. Quando o plano focal posterior é tomado como plano da objectiva da lente intermédia e da lente do projector, então o padrão de difracção será obtido no ecrã fluorescente e diz-se que o TEM funciona em *modo de difracção.* Este padrão de difracção assim produzido no ecrã fluorescente é equivalente ao padrão de difracção de raios X. Se a amostra for monocristalina, o padrão de difracção aparecerá como pontos lineares na tela fluorescente. Mas se for policristalino, então aparecerá um padrão de difracção em forma de anel. Contudo, os materiais amorfos produzem uma série de halos difusos no ecrã. Se o plano da objectiva for tomado como plano da objectiva intermédia e da lente do projector, a imagem formar-se-á no ecrã. Diz-se então que o TEM funciona em *modo de imagem*. A imagem tem algum contraste devido a vários factores: separação espacial entre átomos constituintes distintos, contraste devido à não uniformidade da espessura da amostra, contraste de massa e contraste difractivo que se deve à dispersão das ondas de electrões por vários defeitos nos cristais. A mudança do modo de imagem para o modo de difracção ou o inverso é apenas um toque de interruptor e torna possível a prática do TEM.

Detalhes do instrumento

O TEM utilizado para estudar as variedades de nanoestruturas ZnO é um microscópio JEOL JEM-2100F (ver Figura 2.4(b)) que funciona a 200 kV. As amostras sob investigação são geralmente depositadas numa grelha de cobre revestida a carbono. As amostras em pó são dispersas em acetona por sonicação repetida e depois uma gota da suspensão é directamente vertida sobre a grelha. O excesso de acetona é então permitido evaporar e secar em aquecimento de lâmpadas de filamentos normais.

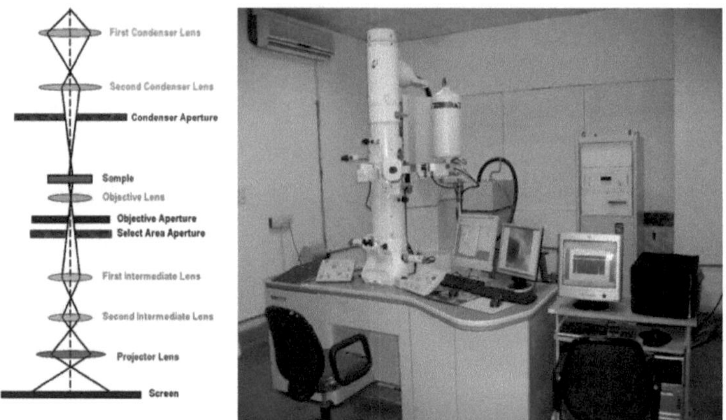

Figura 2.4: (a) Esquema do sistema de imagem TEM (b) JEOL JEM-2100F montado

Limitações

O estudo TEM tem alguns inconvenientes. Alguns materiais requerem extensos passos rigorosos para se prepararem especialmente para as imagens TEM. Isto torna a análise um processo moroso. Também a estrutura do material pode também mudar durante o processamento da amostra. Outro ponto é que o campo de visão é relativamente pequeno o que permite que a área da amostra analisada possa não ser as características de toda a amostra. As amostras, particularmente as amostras biológicas, podem ser danificadas sob o feixe de electrões.

2.2.2. Caracterização ótica

2.2.2.1. Espectroscopia visível por UV

A espectroscopia visível por UV é uma técnica não destrutiva para estudar as características de absorção óptica de um material na forma líquida ou fluida e também na forma sólida de película fina. Um feixe de radiação pode passar através da amostra e ocorre a interacção entre as moléculas dos materiais e os feixes incidentes. Ao estudar a energia transmitida, a absorção pode ser calculada. A dependência do comprimento de onda da intensidade transmitida é utilizada para calcular o intervalo de banda dos materiais. Os detalhes do processo de determinação do intervalo de banda do material são discutidos no Capítulo 1, secção 1.4.

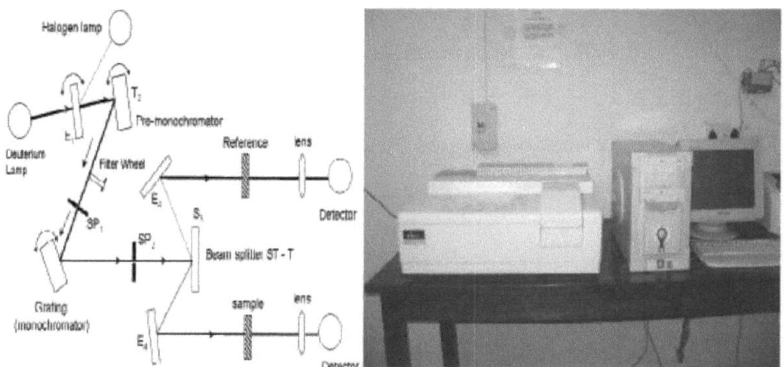

Figura 2.5: Espectrómetro PERKIN ELMER LS-45 UV-VIS

Detalhes do instrumento

Os dados de absorção foram registados num espectrómetro PERKIN ELMER LS-45 UV-VIS (ver Figura 2.5) com interface com um PC para controlar a operação utilizando o software Win Lab. A absorção foi medida na faixa de comprimento de onda de 200 nm a 1000 nm.

Aplicações

• A espectroscopia UV-VIS é utilizada para determinar a presença de diferentes espécies num material químico e para estimar a sua quantidade.

• Esta técnica é utilizada para determinar a lacuna de banda dos materiais.

• Esta técnica é muito útil no estudo da física atómica, da astronomia moderna e da física ambiental.

2.2.2.2. Espectroscopia de fotoluminescência

A espectroscopia de fotoluminescência (**PL**) é uma técnica não destrutiva e sem contacto, sendo utilizada para estudar a propriedade de emissão óptica de um material. Na PL o material sob investigação é excitado / bombeado por uma fonte de luz (lâmpada de xenon ou laser). Os portadores são então excitados a vários níveis superiores de energia. Quando transitam de volta ao estado de terra, a emissão óptica de diferentes comprimentos de onda ocorre em função da energia dos estados excitados. A emissão de PL de um material depende do tipo de excitação óptica. O estado inicial da foto excitação é determinado pela energia de excitação e rege a profundidade de penetração dos fotões incidentes no material. A emissão de PL também depende da densidade dos portadores de foto excitação, e a intensidade do feixe de excitação incidente pode ser ajustada para controlar este parâmetro.

Detalhes do instrumento

No nosso processo de caracterização óptica, utilizámos o espectrómetro de luminescência PERKIN ELMER-LS-55 (ver Fig. 2.6). Faz uso de uma lâmpada de Xénon (tipo de descarga) como fonte óptica para excitar os materiais sob investigação. O comprimento de onda de excitação pode ser variado e normalmente usamos comprimento de onda de excitação de 325 nm (20 kW de potência de 8 µs de duração) para amostras de ZnO. Um tubo fotomultiplicador com resposta modificada S5 para a gama de funcionamento até 650 nm e um fotomultiplicador sensível ao vermelho R928 é instalado para detectar até 900 nm. Um software FL Win Lab baseado em PC foi interfaceado com o espectrómetro para controlar o funcionamento e a recolha dos dados de medição.

Figura 2.6: Espectrómetro de luminescência PERKIN ELMER-LS-55
Aplicações

• Esta técnica é muito útil para estudar os espectros de emissão óptica de um material

- A energia de diferentes níveis de vários estados de defeito de um semicondutor pode ser medida.

- Os vários tipos de defeitos existentes nos cristais dos materiais podem ser identificados e as suas concentrações relativas podem ser estimadas.

- Vários processos de recombinação também podem ser compreendidos.

CAPÍTULO 3. ZnO NANODISCS

Abstrato

Relatamos aqui um simples método químico húmido para fabricar nanodiscos de ZnO. O crescimento dos nanodiscos ocorre à temperatura ambiente (35°C) na reacção entre o cloreto de zinco e o hidróxido de sódio de concentração predeterminada. Os nanodiscos foram estruturalmente caracterizados utilizando microscopia electrónica de varrimento de emissão de campo e difracção de raios X. Os diâmetros dos nanodiscos variam entre 300 nm -500 nm. Os dados da difracção de raios X revelaram que a célula unitária dos nanodiscos é hexagonal. A fotoluminescência à temperatura ambiente foi utilizada para estudar a propriedade de emissão óptica dos nanodiscos. Os nanodiscos apresentam um forte pico de emissão de PL a ~ 420 nm. Esta emissão violeta singular dos nanodiscos ZnO é uma descoberta muito interessante e rara. A emissão de PL a 420 nm surge devido à recombinação de electrões em intersticiais de zinco e buracos na banda de valência.

Este capítulo é reproduzido com a permissão de P. K. Samanta. S. Mishra, Optik, 124 (2013) 2871-2873 © Elsevier

3. 1. Introdução

O óxido de zinco (ZnO) é um semicondutor II-VI em investigação desde a última década, devido às suas propriedades ópticas, eléctricas e magnéticas únicas. Tem uma grande abertura de banda de 3,37 eV à temperatura ambiente e uma grande energia de ligação de exciton de 60 meV. Devido ao seu elevado e intervalo de banda, está a ser utilizado em lasers [1], díodos emissores de luz [2] e vários dispositivos opto-electrónicos. Também está a ser utilizado em sensores de gás e químicos [3], gerador de energia piezoeléctrica [4], eléctrodo condutor transparente para células solares [5]. A transição directa da banda leva à emissão de UV a partir de nanoestruturas de ZnO. Mas as emissões visíveis (violeta, verde, azul) das nanoestruturas de ZnO também são relatadas por muitos investigadores [6-8]. Esta emissão visível surge normalmente devido a diferentes estados de defeito de baixa energia nos nanocristais

[6-8]. A emissão visível pode também surgir de dopagem selectiva de cátions no local Zn nos nanocristais de ZnO [9]. Assim, existe um grande interesse em fabricar nanoestruturas ZnO de grandes variedades para compreender a estrutura e a propriedade óptica de várias nanoestruturas ZnO. Vários processos já são relatados na literatura sobre a fabricação de várias nanoestruturas de ZnO [10, 11]. Mas o método químico húmido proporciona um processo simples para fabricar as nanoestruturas de ZnO. Este método é rentável e bastante adequado para adoptar no ambiente laboratorial.

Aqui, neste artigo, relatamos um simples processo químico húmido para fabricar nanodiscos de ZnO. Os nanodiscos foram então caracterizados rigorosamente para estudar a propriedade estrutural e óptica dos nanodiscos ZnO.

3.2. Experimental

Todos os produtos químicos utilizados eram de qualidade analítica e utilizados como fornecidos (MERCK, 99,99% puro). No processo de síntese atípico, 13,628 g de cloreto de zinco ($ZnCl_2$) foram dissolvidos em água para preparar 100 ml de solução aquosa de 1,0 M de concentração.

Solução de hidróxido de sódio (NaOH) de concentração 0,5 M foi preparada dissolvendo 2 g de NaOH em água desionizada pré-determinada. Esta solução de NaOH foi então colocada sob agitação mecânica num frasco cónico, utilizando um agitador magnético. A solução de $ZnCl_2$ foi então adicionada à solução de NaOH durante 5 minutos. A agitação foi continuada durante 2 h. Um precipitado branco foi depositado no fundo do frasco. O precipitado foi então filtrado e lavado com água de-ionizada para remoção dos sais residuais. Em seguida, o precipitado foi recozido numa fornalha a 150°C para posterior caracterização.

3.3. Resultados e discussões

3.3.1. Estudo estrutural e morfológico

A morfologia da superfície do material fabricado foi investigada utilizando o microscópio electrónico de varrimento de emissões de campo ZEISS (FESEM) operando a 5 kV. Uma imagem típica da FESEM do nanomaterial fabricado é mostrada na Fig. 3.1. Foram claramente observadas nanoestruturas de ZnO em forma de disco. Os nanodiscos têm diâmetros entre 300 nm -500 nm.

No processo de crescimento químico húmido, $Zn(OH)_2$ é formado (ver Eq. 1) na reacção entre $ZnCl_2$ e NaOH em solução aquosa. Este $Zn(OH)_2$ na reacção com iões OH^- produz $Zn(OH)_4^{2-}$ (ver Eq. 3). Quando a solução supersaturada com iões $Zn(OH)_4^{2-}$, os núcleos de ZnO formam-se (ver Eq. 4). Os processos básicos de reacção que regem o crescimento dos nanodiscos são mostrados abaixo [11]:

$$ZnCl_2 + NaOH + H_2O \rightarrow Zn(OH)_2 + 2NaCl + H_2O \tag{1}$$

$$Zn(OH)_2 + 2H_2O \rightarrow Zn^{2+} + 2OH^- + 2H_2O \tag{2}$$

$$Zn^{2+} + 2OH^- + 2H_2O \rightarrow Zn(OH)_4^{2-} + 2H^+ \tag{3}$$

$$Zn(OH)_4^{2-} \rightarrow ZnO + H_2O + 2OH^- \tag{4}$$

Fig. 3.1(a, b): Imagens FESEM dos nanodiscos ZnO

A taxa de crescimento de diferentes planos em cristais de ZnO é $s(0001) > s(0111) > s(0110) > s(0111) > s(0001)$. ZnO tem uma estrutura de cristais de Wurtzite com Zn^{2+} e O^{2-} alternadamente empilhados na direcção (001). Zn^{2+} terminada (001) face está activa para o crescimento devido à alta energia de superfície, enquanto O^{2-} terminada superfície está inerte [11, 12]. Neste caso, (001) é a direcção transversal de formação dos nanodiscos. Os iões Zn ligam-se à superfície terminada Zn^{2+} e formam os sítios de nucleação. Assim, o crescimento ocorre ao longo de (001) direcção. A superfície terminada O^{2-} mantém 2+ plana e lisa durante o crescimento, uma vez que esta face está inactiva. O crescimento de Zn^{2+} superfícies terminadas orienta os nanodiscos para crescerem mais amplamente.

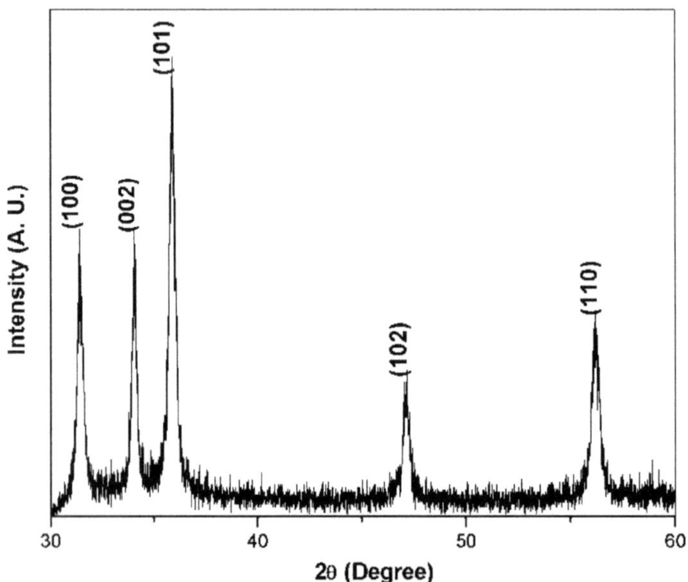

Fig. 3.2: Padrão XRD dos nanodiscos ZnO

Os dados de difracção de raios X (XRD) foram recolhidos num difractómetro de raios X Rigaku utilizando radiação Cu-K$_a$ (X=1,54Å) numa gama angular de 30°<2θ<60°. Um padrão típico de XRD dos nanodiscos ZnO é mostrado na Fig. 3.2. O padrão foi indexado com a estrutura celular da unidade hexagonal com a presença dos picos (100), (002), (101), (102) e (110). Este padrão de difracção coincide bem com os dados padrão JCPDS (número de cartão 36-1451). Não foram observados picos de impureza, o que indica que o ZnO fabricado é altamente puro. O tamanho do cristal foi calculado usando a fórmula de Scherer [13]:

$$D = \frac{0.89\lambda}{\beta cos\theta}$$

Aqui, θ é o ângulo de difracção, β é a *largura total em meia-máxima* e λ é o comprimento de onda do raio X utilizado na experiência de difracção. Para este cálculo, foi escolhido o pico de maior intensidade (101) e adaptado à distribuição gaussiana. O tamanho do cristalito foi calculado em 23 nm. O tamanho do cristalito é muito menor do que o diâmetro dos nanodiscos. Indica que os nanodiscos são compostos por vários cristais distribuídos em duas dimensões.

3.3.2. Propriedade óptica

A propriedade de emissão óptica dos nanodiscos ZnO foi investigada através da observação do espectro de fotoluminescência (PL) à temperatura ambiente utilizando o espectrofotómetro Perkin Elmer-LS 55. A fonte de excitação foi uma lâmpada de Xénon com o comprimento de onda de excitação de 325 nm. Um espectro típico de PL dos nanodiscos ZnO é mostrado na Fig. 3.3. Os nanodiscos exibem uma forte emissão de PL a 420 nm. As emissões visíveis das nanoestruturas de ZnO são devidas a tipos específicos de defeitos nos nanocristais [6-8, 12]. O nanocristal de ZnO cultivado por método químico húmido a baixa temperatura tem geralmente vários estados de defeito de energia inferiores à abertura da banda do material. As energias dos vários estados de defeito têm sido calculadas por muitos investigadores utilizando o método *linear-muffin-Tin-Orbital de potencial total* [14]. Os níveis de energia defeituosa de ZnO são mostrados na Fig. 3.4. O pico de emissão de PL a 420 nm tem a energia $\sim$ 2,9 eV. Verificámos que a diferença de energia entre os estados intersticiais de zinco (z_{ni}) e a banda de valência (VB) é de $\sim$ 2,9 eV. Assim, a emissão a 420 nm deve-se à recombinação do electrão nos intersticiais de zinco e buracos na banda de valência.

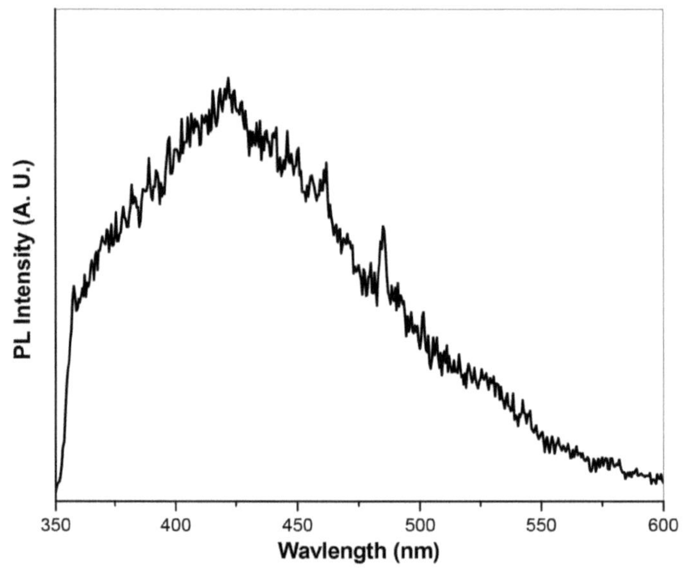

Fig. 3.3: Espectro PL da temperatura ambiente dos nanodiscos ZnO

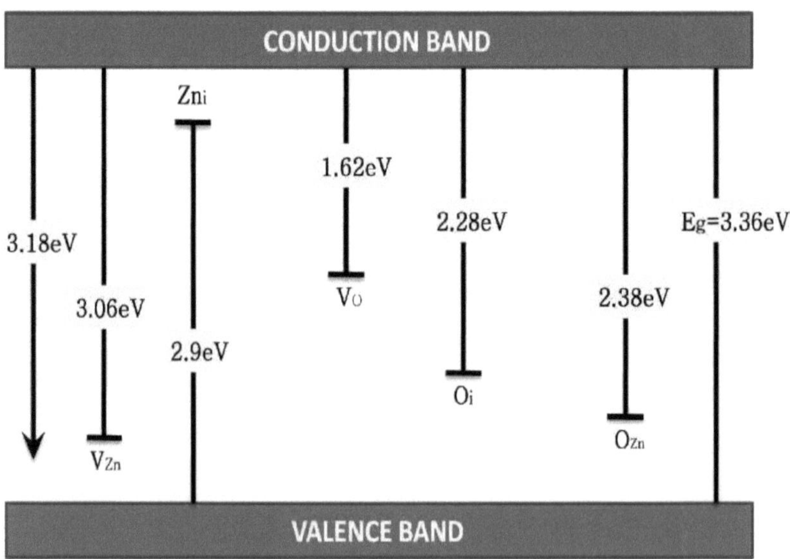

Fig. 3.4: Níveis de energia defeituosa de ZnO

3.4. Conclusões

Em conclusão, fabricámos nanodiscos ZnO por um método químico húmido simples e rentável à temperatura ambiente. Os nanodiscos têm uma estrutura celular hexagonal. O crescimento dos nanodiscos é governado pela taxa de crescimento das diferentes facetas do nanocristal ZnO. Os nanodiscos de ZnO apresentam uma emissão violeta singular a 420 nm, o que é um achado muito raro. Esta emissão violeta tem origem na recombinação do electrão em Zn-interstials e buracos na banda de valência. Assim, os nanodiscos de emissão violeta ZnO serão úteis na fabricação de dispositivos emissores de luz visível baseados em ZnO.

REFERÊNCIAS

[1]   M. H. Huang, S. Mao, H. Feick, H. Yan, Y. Wu, H. Kind, E. Weber, R. Russo, P. Yang, Room-Temperature Nanowire Nanolasers, *Science.* 292, (2001)1897-1899.

[2]   J. L. Zhao, S. T. Tan, S. Iwan, X. W. Sun, W. Liu, S. J. Chua, Blue to deep UV light emission from a *p-Si/AlN/Au* heterostructures, App. Phys. Lett. 94 (2009) 093506(1)- 093506(3).

[3]   C. Xiangfeng, W. Caihong, J. Dongli, Z. Chenmou, sensor de etanol baseado em nanofios de óxido de índio preparados por reacção de redução carbotérmica, Chem. Phys. Lett. 399 (2004) 461-464.

[4]   W. L. Hughes, Z. L. Wang, Formation of Piezoelectric Single-Crystal Nanorings and Nanobows, J. Am. Chem. Soc. 126 (2004) 6703-6709.

[5]   J. B. Baxter, E. S. Aydil, Nanowire-based dye-sensitized solar cells, App. Phys. Lett. 86, (2005) 053114(1)- 053114(1).

[6]   P.K. Samanta, S.K. Patra, P. Roy Chaudhuri, Violet emission from flowerlike bundle of ZnO nanosheets, Physica E. 41 (2009) 664-667.

[7]   P.K. Samanta, S.K. Patra, P. Roy Chaudhuri, Green Photoluminescence from Chemically Synthesized Zinc Oxide Nanostructures, Int. J. Mat. Sci. 4(2009) 239-242.

[8]   Z. Fang, Y. Wang, D. Xu, Y. Tan, X. Liu, Blue luminescent center in ZnO films depositados em substratos de silício, Opt. Mater. 26 (2004) 239-242.

[9]   B. Vinitha, K. Manzoor, R. S. Ajimsha, P. M. Aneesh, M. K. Jayaraj, Synthesis of Highly Luminescent, Bio-Compatible ZnO Quantum Dots Doped with Na, Synthesis and Reactivity in Inorganic, Metal-Organic, and Nano-Metal Chemistry. 38 (2008)126-131.

[10] P. K. Samanta, A. K. Bandyopadhyay, Crescimento químico de nanorods hexagonais de óxido de zinco e suas propriedades ópticas, Appl. Nanosci. DOI 10.1007/s13204-011-0038-8

[11] D. P. Singh, Síntese e Crescimento de ZnO Nanowires, Sci. Adv. Mater. 2(2010)245-272.

[12] S. Baruah, J. Dutta, Hydrothermal growth of ZnO Nanostructures, Sci. Technol. Adv. Mater. 10 (2009) 013001(1)- 013001(18).

[13] P. K. Samanta, P. R. Chaudhuri, Growth and Optical Properties of Chemically Grown ZnO Nanobelts, Sci. Adv. Mater. 3(2011)107-112.

[14] P.S. Xu, Y.M. Sun, C.S. Shi, F.Q. Xu, H.B. Pan, The electronic structure and spectral properties of ZnO and its defects, Nucl. Instr. and Meth. in Phys. Res. B, 199 (2003) 286-290.

CAPÍTULO 4. MONOPÓDOS E BIPÓDOS ZnO

Abstrato

Um simples depósito químico húmido de banho foi implantado com sucesso para fabricar nanoestruturas de óxido de zinco. Para um crescimento livre de substratos, a nanoestrutura é fuso como monopódios. Mas quando as nanoestruturas crescem sobre os substratos de vidro e quartzo, são bípodes (dois monopódios unidos base a base). A variação no tamanho dos fusos dos monopods e bípods e o tamanho das partículas foi observada devido à deformação existente na película fina devido à descoordenação da malha na interface da película fina e dos substratos. Os resultados da difracção de raios X e da difracção de área seleccionada confirmaram as estruturas celulares da unidade hexagonal dos monopods e bípods. Também as taxas de crescimento de vários planos são diferentes e o crescimento é anisotrópico. Os monopés de crescimento livre do substrato mostram fotoluminescência visível a 421 nm. Mas a emissão é deslocada em 3nm e 6nm para uma película fina de ZnO depositada em substratos de quartzo e vidro respectivamente devido à tensão interfacial. No caso do ZnO sobre substrato de quartzo, foi observado um forte pico de UV a 386nm devido à transição da borda da banda. Estas emissões são também acompanhadas por poucos picos de emissão mais fracos devido a várias transições relacionadas com defeitos.

Este capítulo é reproduzido com permissão de P. K. Samanta, P. Roy Chaudhuri. *Frente. Optoelectron. China*, 4(2011)130-136 © Springer

4.1. Introdução

As nanoestruturas de óxido de zinco (ZnO), especialmente nanorodas, nanotubos, nanopartículas, são de imenso interesse desde os últimos anos devido às suas propriedades versáteis como as próximas de UV [1] e visíveis (emissão verde [2], azul [3] e violeta 4], condutividade eléctrica [5], transparência óptica [6], e piezoelectricidade [7], e muitas outras aplicações promissoras em sensores de gás, dispositivos fotovoltaicos e células solares ópticas [8] e dispositivos optoelectrónicos.

Devido à sua grande diferença de banda de 3,37 eV à temperatura ambiente e a uma enorme energia de ligação de excitação de 60 meV, está a ser extensivamente investigada para as suas aplicações de emissão de luz de comprimento de onda curto, e de radiação ultravioleta à temperatura ambiente [9]. As variedades de nanoestruturas de ZnO foram até agora fabricadas e a sua fotoluminescência também foi estudada por muitos investigadores. A emissão UV que se origina devido à transição de borda de banda ou à transição de exciton é a emissão característica para o óxido de zinco. Mas também são relatadas emissões visíveis que ocorrem de diferentes estados de defeito (várias vagas de oxigénio, intersticiais de Zn, etc.) de ZnO [10-12]. Estas emissões de ZnO dependem da forma e tamanho das nanoestruturas fabricadas. Assim, o controlo sobre a forma, tamanho e existência de diferentes estados de defeito nas nanoestruturas (durante o processo de síntese) desempenham um papel importante para as implementações tecnológicas em diferentes dispositivos luminescentes e nanofotónicos.

Devido a aplicações baseadas em dispositivos, há um interesse inerente em cultivar várias nanoestruturas ZnO em diferentes substratos como vidro, quartzo, Si, Zn-foil, etc. Contudo, foram observadas modificações estruturais interessantes enquanto se cultivavam as nanoestruturas em vários substratos. Além disso, os substratos afectam o comportamento de luminescência do material. Teng et al tinham relatado a fotoluminescência na região UV a ~380nm (UV-PL) da película fina de ZnO cultivada em substrato de Si [13]. Este pico de emissão desloca-se para 395 nm para a amostra cultivada em substrato ITO/Si. Este UV-PL ocorre devido à transição da borda da banda, enquanto que o pico de 395nm apareceu devido à recombinação localizada entre o substrato ZnO e ITO. Neste contexto, variedades de nanoestruturas de ZnO foram fabricadas por diferentes processos de fabricação como a deposição física e química de vapor [14], processo hidrotérmico [15], método vapor-líquido-sólido [16], deposição electroquímica [17] e ablação a laser [18]. Mas a maioria destes processos são limitados à manutenção de condições experimentais rigorosas e envolvidos em muitas etapas complicadas e necessitam de enormes infra-estruturas.

Aqui, neste artigo, esboçamos uma rota química simples para a síntese repetida de monopódios e bípodes de ZnO seguida de alguns resultados típicos de caracterizaçâo com vista a estudar a influência do substrato na morfologia e fotoluminescência das nanoestruturas de ZnO. Esta é uma experiência de mesa muito simples, bastante adequada para adoptar em ambiente de laboratório e facilmente repetível. Neste método conseguimos sintetizar fusos como as nanoestruturas de ZnO em diferentes substratos que mostram uma forte fotoluminescência (PL) na região ultra-violeta (UV) de comprimento de onda que é a emissão característica de ZnO. Estas emissões são acompanhadas de picos de emissão visíveis devido a várias transições relacionadas com defeitos. Discutimos, em pormenor, o efeito do substrato na morfologia das nanoestruturas e também o mecanismo dos vários picos de PL.

4.2. Experimentação e caracterizações

Todos os reagentes utilizados eram de qualidade analítica (MERCK) e não necessitam de mais purificação. No nosso processo típico de síntese, a solução de nitrato de zinco (0,5M) foi preparada dissolvendo 14,87g de $Zn(NO_3)_2$ em água para preparar 100ml de solução. A solução de NaOH (1M) foi preparada dissolvendo 4g de NaOH em água para preparar 100ml de solução. Sob agitação constante da solução de NaOH, a solução de nitrato de zinco acima referida foi adicionada durante 15 minutos. Após 30 minutos de agitação constante, a solução foi aquecida para que começasse a ferver. Agora diferentes substratos (vidro, quartzo) foram mergulhados na solução através de um simples suporte de pinça. A ebulição foi continuada até 45 minutos. Após arrefecimento da solução à temperatura ambiente, os substratos foram retirados da solução. Foi depositada uma película branca sobre os substratos. Os substratos foram então limpos várias vezes por água destilada e secos a 50° C para mais caracterizações. Um precipitado branco foi também recolhido do fundo. O pó é então seco num forno normal para outras caracterizações.

Foram recolhidos dados de difracção de raios X de incidência de pastoreio (GIXRD) (para filmes finos) utilizando o difractómetro de raios X Phillips X'PERT PRO na gama angular de $30^{\circ} < 2\theta < 60^{\circ}$ com radiação $Cu\text{-}K_a$ de comprimento de onda $1,54\text{Å}$.

Para a amostra de pó precipitado, a difracção de raios X foi realizada num difractómetro comum RIGAKU que utiliza Cu K_a - radiação como fonte de raios X e digitalizada numa gama angular de $30^O < 2\theta < 60^O$. A morfologia das estruturas foi estudada utilizando o microscópio electrónico de varrimento de emissões de campo ZEISS (FESEM). Os espectros da fotoluminescência à temperatura ambiente (PL) foram registados utilizando o espectrofotómetro PERKIN ELMER LS-55 com uma lâmpada de Xenon à excitação de 325 nm. Os espectros de PL de baixa temperatura foram gravados

4.3. Resultados e discussões

4.3.1. Difracção de raios X (XRD)

A figura 4.1-4.3 mostra o padrão de difracção de raios X das nanoestruturas de ZnO cultivadas sem qualquer substrato (monopés) e cultivadas em diferentes substratos de vidro e quartzo, respectivamente. Os padrões foram indexados com a estrutura de célula unitária hexagonal que é consistente com o cartão JCPDS nº36-1451. Observamos também na figura-3 que no caso do quartzo foi observado um pico de intensidade muito elevada em $46,7^O$ que surge devido ao próprio substrato de quartzo. A relação de intensidades dos vários picos de difracção é diferente em diferentes casos. Indica que a taxa de crescimento dos vários planos de ZnO cultivados em diferentes substratos é diferente. A taxa de crescimento de diferentes planos de vidro e substrato de quartzo é V(101)>V((100)>V (002)>V((110)>V(102). Mas na ausência de substrato, a taxa de crescimento de vários planos é algo diferente e é V(101)> V((100)>V(002)> V(102)> V(110). Isto deve-se ao facto de que, na presença do substrato, a taxa de crescimento é modificada devido à tensão na película fina ZnO e na interface do substrato.

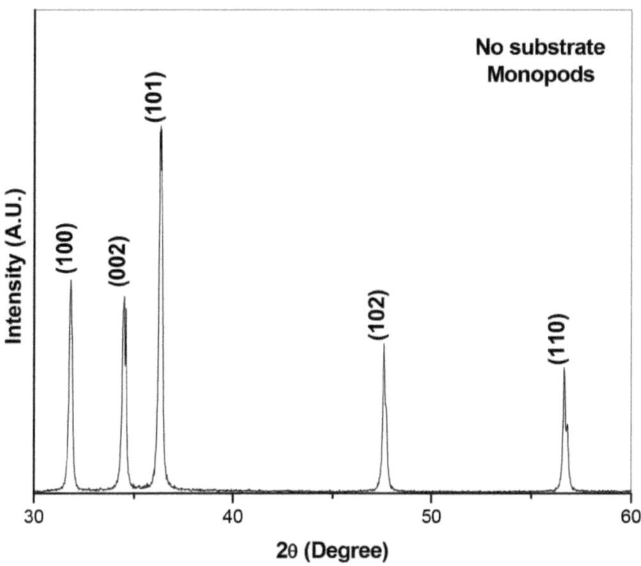

Figura-4.1: Padrão XRD de monopódios ZnO cultivados sem qualquer substrato

O tamanho e a tensão das partículas foram calculados a partir do padrão XRD usando a fórmula de Scherer [19]:

$$t = \frac{K\lambda}{\Delta(2\theta)\cos\theta} \quad \text{and} \quad \varepsilon = \frac{\beta}{4\tan\theta} \tag{1}$$

Onde λ é o comprimento de onda do raio X utilizado, K= 0,89, θ é o ângulo de difracção, e $\Delta(2\Theta)$ é a largura total da linha a meio máximo (FWHM). A dimensão da partícula dos bípodes ZnO é de 35nm para o vidro, 33nm para o quartzo. No entanto, a dimensão da partícula dos monopés foi de 38nm. Em todos os casos não houve diferença significativa na dimensão da partícula para os diferentes substratos, como se mostra no quadro-4.1. A tensão é mais para o substrato de quartzo do que para o vidro e, portanto, a dimensão da partícula é menor para o ZnO cultivado em substrato de quartzo. A variação da estirpe com o tamanho da partícula é mostrada na figura-4.4.

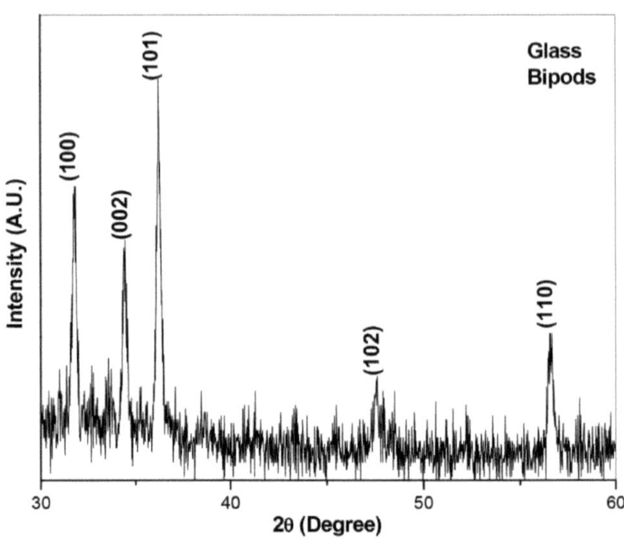

Figura-4.2: Padrão XRD de bípodes ZnO cultivados em vidro

Tabela-4.1: Dados para o tamanho das partículas e tensão para diferentes substratos

Substratos	FWHM	2Θ (Grau)	Partícula Tamanho (nm)	Tensão
Sem substrato	0.21695	36.31	38	0.1654
Vidro	0.23202	36.23	35	0.1773
Quartzo	0.24605	36.25	33	0.1868

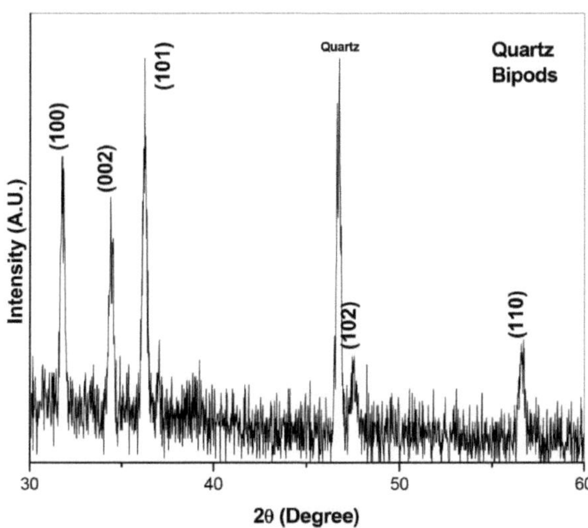

Figura-4.3: Padrão XRD de monopódios ZnO de quartzo cultivado

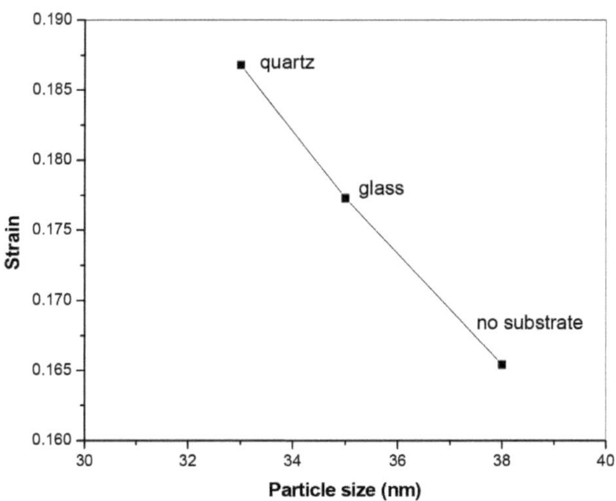

Figura-4.4: Variação da deformação com o tamanho da partícula

4.3.2. Microscopia electrónica de varrimento por emissão de campo (FESEM)

Figura-4.5 (a, b): Imagens FESEM de monopódios semelhantes a prismas cultivados sem qualquer substrato

A Figura-4.5(a, b) mostra as imagens FESEM de monopódios semelhantes a prismas, tal como observado no caso das amostras de pó precipitado. O nitrato de zinco em reacção com NaOH produz nanorods de ZnO à temperatura ambiente [20]. Ao aumentar a temperatura de reacção até à ebulição da solução, as varetas são transformadas em monopés semelhantes a prismas. Mas no mesmo processo de reacção enquanto diferentes substratos eram mergulhados na solução, depositou-se uma película fina, na qual as partículas são como bípodes, dois monopés unidos base a base (figura-4.6). As partículas são distribuídas na película fina que é evidente a partir das imagens da FESEM.

Figura-4.6: Imagens FESEM de bípodes cultivados em vidro e substrato de quartzo

Os monopés e bípodes têm um comprimento de ~100-150 nm e o tamanho da cintura é de cerca de 80100 nm. Não foi observado qualquer crescimento preferencial para estas estruturas. Assim, no presente caso, a morfologia das nanoestruturas depende

59

fortemente dos substratos. Deve mencionar-se que no caso de crescimento assistido de substratos das nanoestruturas, a estrutura tipo bípoda consiste em dois monopés que são quase metade do tamanho dos monopés observados no caso de crescimento livre de substratos. Assim, concluímos que as nanoestruturas são muito mais tensas enquanto crescem no substrato.

4.3.3. Mecanismo de Crescimento

ZnO exibem uma estrutura hexagonal fechada com átomos Zn em posição tetraédrica, como mostra a figura-4.7. Pertence ao grupo espacial P63mc. Não há centro de inversão na estrutura wurtzite. Assim, existe uma assimetria inerente ao longo do eixo c- do cristal. Assim, na síntese química de ZnO nanoestruturas anisotrópicas, observa-se um crescimento anisotrópico ao longo da direcção (0001). O cristal de ZnO tem a taxa máxima de crescimento ao longo da (0001) direcção; daí que a estrutura hexagonal do cristal de ZnO esteja relacionada com a taxa de crescimento relativo de diferentes facetas do cristal [20].

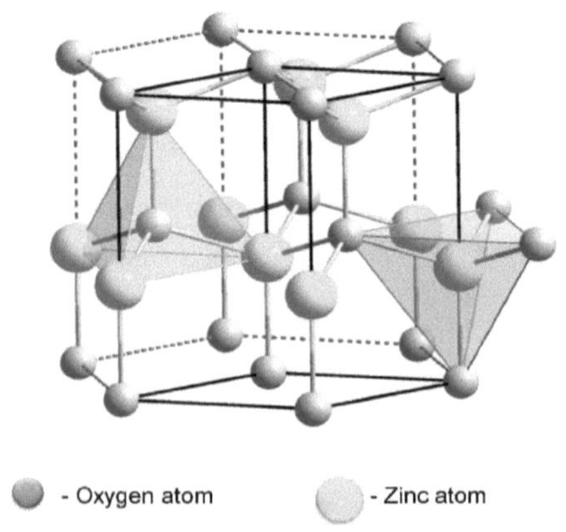

Figura-4.7: Estrutura de cristal hexagonal de ZnO

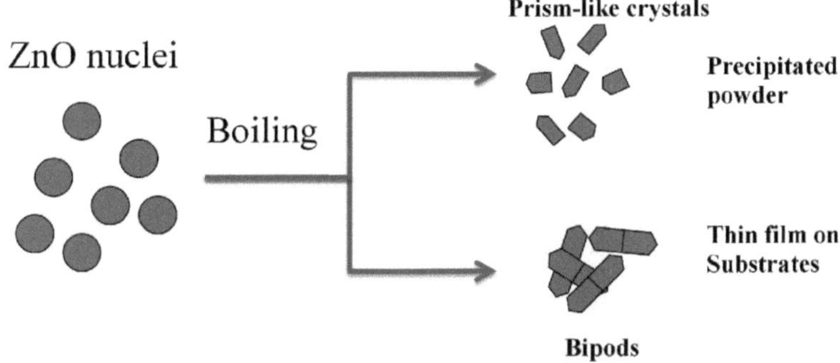

Figura-4.8: Esquema do crescimento dos monopods e bípods

Numa solução aquosa típica baseada no crescimento, a solução $Zn(NO_3)_2$, em reacção com NaOH, produz $Zn(OH)_2$ que continua a formar $Zn(OH)_4^{2-}$. No início da supersaturação, formar-se-ão núcleos de ZnO. Estes núcleos de ZnO são pequenos e com uma estrutura semelhante a uma vara. Ao aumentar a temperatura de reacção, são transformados numa estrutura semelhante a um prisma (ver figura-4.5). Ao utilizar o substrato, os prismas são então ligados entre si 2 para formar bípodes policristalinos (ver figura-4.6). No processo de crescimento da solução $Zn(OH)_4^{2-}$ núcleos serve como centro de nucleação para o crescimento de nanoestruturas de ZnO tipo vara e taxa de crescimento de diferentes planos cristalinos num processo hidrotermal simples [21] é $V(0001) > V(0111) > V(0110) > V(0111) > V(0001)$ .Agora devido à rápida taxa de crescimento do plano (0001) desaparecerá rapidamente. Assim, este plano desaparece nos nanocristais ZnO sintetizados experimentalmente que conduzem à estrutura em forma de vara. Quando a temperatura de reacção é aumentada (cerca de 90^0 C) , devido aos movimentos de convecção térmica e desregulação das moléculas e iões , a deposição de $Zn(OH)_4^{2-}$ será muito rápida. Agora, de acordo com o processo de crescimento acima (0110), o plano pode crescer mais rapidamente do que (0111) o plano. Assim, (0110) extrudes planas. Como resultado, os prismas como os nanocristais elipsoidais são formados [22]. Agora estes prismas como os nanocristais são unidos através da fixação orientada ponta a ponta ao longo do eixo principal e lado a lado ao longo do eixo semicircular. Como resultado, foram observados os bípodas elipsoidais como estruturas. Contudo, o crescimento destes tipos de nanoestruturas necessita de mais investigações. Um esquema do crescimento dos bípodes é mostrado na figura-4.8.

4.3.4. Microscopia electrónica de transmissão

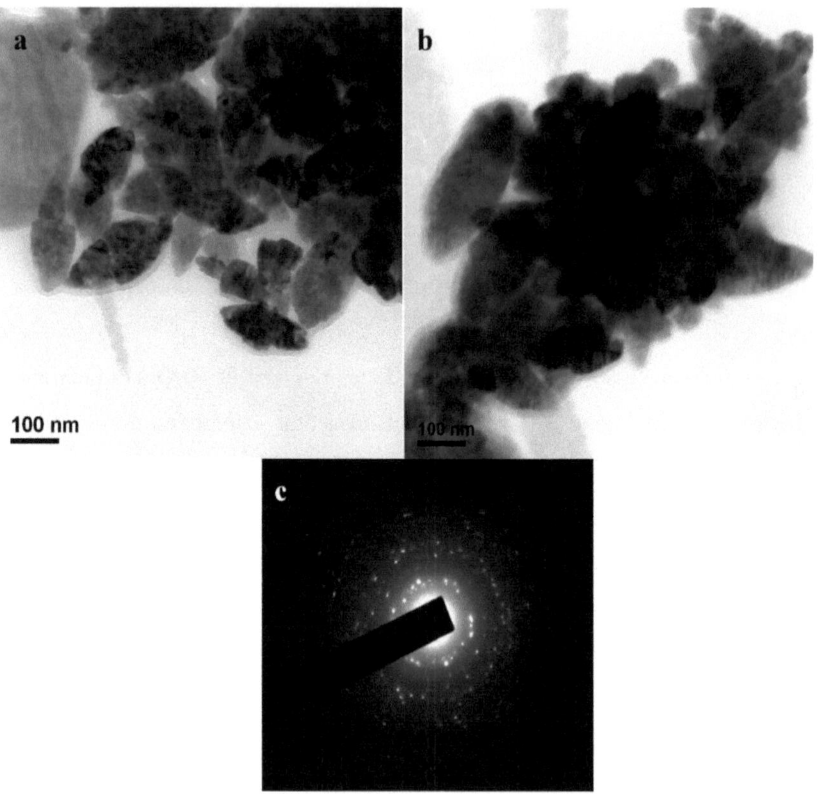

Figura-4.9: (a, b) imagem TEM dos bípodes cultivados em substrato de vidro, (c) padrão SAED dos bípodes

O microscópio electrónico de transmissão foi também realizado para um estudo estrutural mais aprofundado das nanoestruturas fabricadas. A figura -4.9(a, b) mostra imagens TEM dos nano bípods cultivados sobre o substrato de vidro. Os fusos têm cerca de 100-150 nm de comprimento e o diâmetro da cintura é de cerca de 80-100 nm. Os bípodes são na realidade constituídos por dois prismas unidos base a base que podem ser claramente observados a partir da figura 9(a, b). O padrão de difracção da área seleccionada revela que os prismas são policristalinos (ver figura-4. 9c).

4.3.5. Fotoluminescência (PL)

Foram realizados espectros de fotoluminescência para estudar a propriedade de emissão óptica das películas finas. A Figura-4.10 mostra os espectros de PL da película fina cultivada em diferentes substratos. A emissão UV é a emissão característica do ZnO. Esta emissão ocorre devido à transição da borda da banda. Contudo, a emissão visível é também relatada por muitos investigadores nos últimos anos [2-8]. Os nanocristais ou pontos quânticos, produzidos por métodos químicos, têm normalmente mais defeitos, distorção da grelha, imperfeição de cristais, vagas, falhas de empilhamento, limites de grão e deslocamentos em comparação com os cristais a granel. Estes defeitos produzem níveis profundos e pouco profundos de menor energia. Estes níveis profundos são responsáveis por vários picos de emissão visíveis no espectro PL do ZnO nanocristalino. Vanheusden *et* al [2] tinham relatado que a luminescência visível de ZnO tem origem principalmente em diferentes estados de defeito, tais como vacâncias de oxigénio e intersticiais de Zn. O oxigénio, em geral, exibe três tipos de estados de carga de vacâncias de oxigénio como Vo^0, Vo^+, e Vo^{2+}. As vagas de oxigénio estão localizadas abaixo da parte inferior da banda de condução (CB) na sequência de Vo^0, Vo^+, e Vo^{2+}, de cima para baixo. O Zn intersticial desempenha também um papel importante na distorção da malha nos nanocristais. Devido à elevada relação superfície/volume para os nanocristais, são criados grandes números de defeitos na interface dos substratos e da película fina. Os vários níveis de energia dos defeitos foram calculados pelo Sol utilizando o método *orbital linear de estanho muffin de potencial total* [25]. Os vários níveis de energia defeituosa dos nanocristais ZnO são mostrados na figura-4.11. As emissões relacionadas com os defeitos são muito mais pronunciadas nos nanocristais de ZnO quimicamente cultivados. O espectro PL dos monopés de ZnO, cultivados sem qualquer substrato, mostram fortes picos de emissão de violeta por volta dos 425nm devido à recombinação portadora entre o intersticial de zinco e o buraco na banda da valança [4, 25]. Esta emissão violeta é também acompanhada por poucos picos de emissão mais fracos de azul e verde a 486nm e 530nm, respectivamente. O pico de emissão a 486nm tem a sua origem devido à vacância de zinco com carga positiva (v_{Zn}^+). A emissão verde é o resultado da existência de uma única vaga de oxigénio ionizado [25]. O espectro PL dos bípodes ZnO, cultivados em substratos de vidro e quartzo, também apresentam picos de emissão PL semelhantes (para vidro: 415, 484 e 530nm; para quartzo: 418, 486 e 530nm) excepto um pico UV proeminente a 386nm no caso de substratos de quartzo. O pico de fotoluminescência de cerca de 386nm para o filme ZnO depositado no substrato de quartzo pode ser relacionado com a recombinação excitónica em ZnO [24]. A energia de ligação do exciton de ZnO é de cerca de 60 meV. A energia térmica à temperatura ambiente pode ser suficiente para libertar o exciton ligado, uma vez que a energia de ligação excitónica é apenas de poucos meV. Assim, o exciton pode ser observado à temperatura ambiente. No nosso caso, o nível de emissão excitónica de cerca de 386nm para a película ZnO sobre substrato de quartzo é muito próximo do valor reportado de 380nm de recombinação excitónica para substrato de Si [13] correspondente ao exciton livre. Contudo, no caso do substrato de vidro, não foi observado nenhum pico de emissão de UV. Isto deve-se à natureza amorfa do vidro que leva à criação de mais defeitos na película fina resultando na forte emissão visível relacionada com defeitos em comparação com a borda da banda de emissão de UV. Observa-se um pequeno desvio de 2-3 nm do pico PL a 486 nm, em comparação com o crescimento livre do substrato, devido à tensão na interface da película fina e dos substratos (desalinhamento da malha). Os vários picos de emissão de PL a partir de vários substratos e a sua origem estão listados na tabela-4.2. No entanto, estes necessitam de mais investigações.

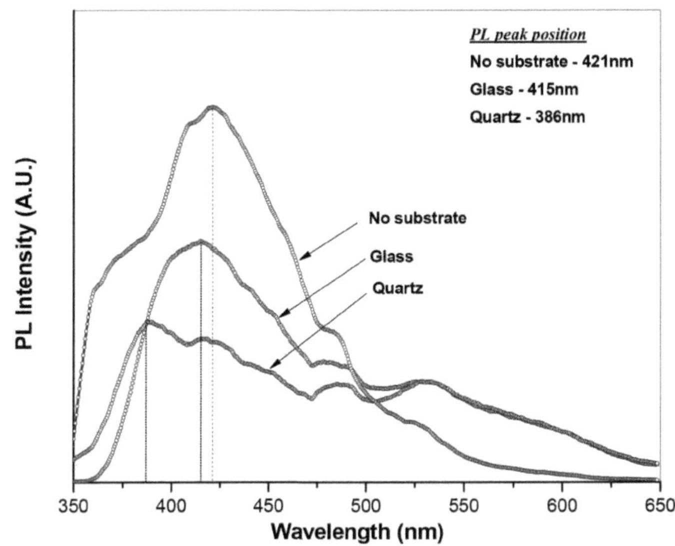

Figura-10: Fotoluminescência à temperatura ambiente de monopés e bípodes de ZnO cultivados em vidro e quartzo

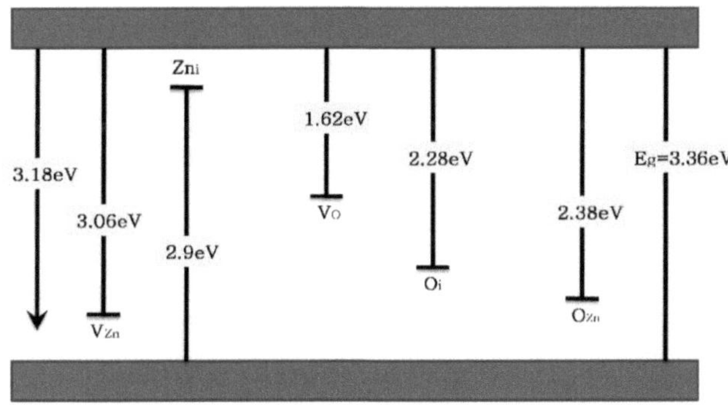

Figura-11: níveis de energia de vários estados de defeito de ZnO [25]

Tabela-4.2: Vários picos de emissão de PL e a sua origem

Não Substrato	Vidro	Quartzo	Origem da emissão
—	—	386	Emissão de borda de banda

Picos de emissão de PL	421	415	418	Recombinação aposta Zn_i e buraco em VB
	486	484	486	
	530	530	530	Vaga de zinco (V_{Zll} +)
				Vaga de oxigénio ionizado individualmente

4.4. Conclusões

Em conclusão, fabricámos película fina de ZnO transparente cultivada sobre vários substratos. A película fina é composta por cristais semelhantes a bípodes. Mas na ausência de qualquer substrato, a morfologia do material assemelha-se a monopés. A película fina cultivada sobre substrato de quartzo mostra uma forte PL UV a 386nm devido à recombinação excitónica no ZnO. Esta emissão é acompanhada de emissões relacionadas com o defeito do soem. A emissão relacionada com o defeito é quase semelhante para a película fina de ZnO cultivada em substrato de vidro. O pequeno deslocamento de vários picos visíveis de PL é o resultado da tensão que surge na película fina e na interface do substrato, que é diferente para substratos diferentes. Assim, os resultados das nossas investigações serão muito úteis na compreensão do efeito do substrato sobre a morfologia e emissão de PL a partir de materiais nanoestruturados de película fina.

REFERÊNCIAS

1. E. M. Wong e Peter C. Searson, Appl. Phys. Lett. **1999**, 74(20), 2939

2. K. Vanheusden, C. H. Seager, W. L. Warren, D. R. Tallant, e J. A. Voigt, Appl. Phys. Lett. **1996,** 68(3), 403

3. H.Q.Wang, G Z Wang, L C Jia, C J Tang e G H Li, J. Phys. D: Aplic. Phys. **2007,** 40, 6549.

4. P. K. Samanta, S. K. Patra, e P. Roy Chaudhuri, Physica E. **2009**, 41, 664

5. Ma Jina,, Ji Fenga, Zhang De-hengb, Ma Hong-leia, Li Shu-ying, Thin Solid Films. **1999,** 357, 98

6. Jason B. Baxter e Charles A. Schmuttenmaer, J. Phys. Chem. B., **2006**, 110, 25229

7. Xiang Yang Kong e Zhong Lin Wang, Nano Letters. **2003** , 3, 1625

8. Yasuhide Nakamura MATERIALS, NNIN REU, Research Accomplishments. **2006**, 74.

9. Michael H. Huang et al Science. **2001**, 292, 1897

10. Bixia Lin e Zhuxi Fua) Yunbo Jia, Appl. Phys. Lett., **2001**, 79, 943

11. M. -K. Lee e H. -F. Tu, J. Appl. Phys. **2007**, 101, 126103

12. M. Liu, A. H. Kitai, e P. Mascher, J. Lumin. **1992**, 54, 35

13. X. M. Teng, H. T. Fan, S. S. Pan, C. Ye e G. H. Li, J. Phys. D: Appl. Phys. **2006**, 39, 471

14. Jih-Jen Wu e Sai-Chang Liu, Adv. Mater. **2002**, 14, 215

15. Hanmei Hu et al, Materials Chemistry and Physics **2007**, 106, 58

16. Y. W. Zhu, H. Z. Zhang, X. C. Sun, S. Q. Feng, J. Xu, Q. Zhao, B. Xiang, R. M. Wang e D. P. Yu, Appl. Phys. Lett., **2003**, 83(1), 144

17. P. K. Samanta, S. Basak e P. Roy Chaudhuri, Adv. Sci. Lett. (no prelo)

18. A. Fouchet et al, J. Appl. Phys. **2004**, 96, 3228

19. S. P. Mondal, K. Das, A. Dhar e S. K. Ray, Nanotecnologia. **2007**, 18,095606

20. P. K. Samanta, S. K. Patra, e P. R. Chaudhuri, International Journal of Nanoscience and Nanotechnology. **2009**, 1 (1-2), 81-90.

21. A. Sugunan, H. C. Warad, M. Boman, J. Dutta, J Sol-Gel Sci Techn. **2006**, 39, 49

22. X. -L. Hu, Y. -J. Zhu, S. -W. Wang, Química dos Materiais e Física. **2004**, 88, 421

23. H. Zeng, Z. Li, W. Cai, P. Liu. J Appl. Phys. **2007**, 102, 104307

24. J. -J. Wu e S. -C. Liu, Adv. Mater. **2002**, 14, 215

25. P. S. Xu, Y. M. Sun, C. S. Shi, F. Q. Xu, H. B. Pan, *Nucl. Instrum. Métodos Res. Física, Sect. B*. **2003,** 199,286

CAPÍTULO 5. ZnO NANORODS

Abstrato

Neste artigo, relatamos os resultados da nossa investigação de uma forte emissão visível de nanorods de ZnO fabricados por nós utilizando uma solução aquosa sem modelo baseada numa via química simples. Através de repetidos estudos de fabrico e caracterização, a emissão de cerca de 421 nm (violeta) a partir dos nanorods preparados é estabelecida. Atribuída à recombinação do electrão na intersticial Zn e a um buraco na banda de valência, esta emissão está a acompanhar as emissões causadas por poucos estados de defeito mais fracos devido a várias vagas de oxigénio._Este resultado foi ainda mais confirmado a partir das medições de deslocamento Raman. A espectroscopia visível por UV foi também realizada para estudos adicionais das propriedades ópticas dos nanorods. A nossa investigação, centrada em torno desta emissão visível, dá assim uma contribuição útil para os estudos da nanoestrutura ZnO, e pode ser utilizada para explorar potenciais aplicações em luminescência, laser, nano-fotónica e dispositivos optoelectrónicos.

5.1. Introdução:

A investigação da nanoestrutura baseada em ZnO chamou consideravelmente a atenção nos últimos anos como material multifuncional devido às suas propriedades versáteis, tais como a emissão quase UV [1] e visível (verde [2], azul [3] e violeta [4]), transparência óptica [5], condutividade eléctrica [6], piezoeléctricidade [7] e muitas outras aplicações promissoras em transdutores electroacústicos, sensores de gás, materiais de revestimento condutores transparentes, dispositivos fotovoltaicos e células solares ópticas [8]. Com a sua ampla abertura de banda de 3,37 eV à temperatura ambiente e uma grande energia de ligação de saída de 60 meV, está a ser extensivamente investigada devido à sua emissão de luz de comprimento de onda curto, e à temperatura ambiente de radiação ultravioleta [9]. Nesta frente, várias nanoestruturas de ZnO foram fabricadas e a sua fotoluminescência foi estudada por muitos investigadores. O pico de emissão na gama UV que se origina devido à transição de borda de banda ou à transição de exciton é a emissão característica para o óxido de zinco. Mas os investigadores também mostraram as emissões visíveis de ZnO nanoestruturado que se originam principalmente de diferentes estados de defeito (várias vagas de oxigénio, intersticiais de Zn, etc.) de ZnO. No entanto, estas emissões de ZnO dependem muito da forma e tamanho das nanoestruturas que, de facto, devem muito à técnica em geral, e às variáveis de processo, em particular, de fabrico. As nanoestruturas de baixa dimensão estão agora a ser extensivamente exploradas para aplicações em dispositivos avançados. Vários métodos como a deposição química de vapor [10], ablação a laser [11], deposição por arco de vácuo [12], pulverização catódica [13], e processo hidrotérmico [14, 15] já apareceram na literatura para terem sido implementados para sintetizar as nanoestruturas de ZnO. Mas a maior parte destas técnicas de fabrico parecem estar envolvidas em processos com muitas etapas complexas, requerem equipamentos sofisticados e condições experimentais rigorosas. Por conseguinte, é importante desenvolver um método simples para sintetizar nanorods ZnO em ambiente de laboratório com vista a caracterizar tais estruturas para uma vasta gama de aplicações através da repetida fabricação e modificação. O método químico húmido proporciona uma melhor via para fabricar nanoestruturas multidimensionais em grande escala. É uma técnica barata que não envolve processamento complicado ou enormes infra-estruturas/equipamentos sofisticados conforme necessário na deposição física ou química de vapor, deposição laser pulsada, epitaxia de feixe molecular. Além disso, a fabricação baseada nesta configuração experimental de mesa fornece preparação repetida que permite variar as condições de processo para um estudo de investigação e repetibilidade no rendimento. Na nossa tentativa, conseguimos realizar nanorods ZnO cultivados à temperatura ambiente que mostram uma forte emissão na janela visível. Nas secções seguintes, esboçamos a nossa abordagem experimental para o cultivo de algumas nanoestruturas orientadas, seguida de alguns resultados típicos de caracterização das nossas experiências. Também discutimos o possível mecanismo de crescimento destas estruturas de ZnO na relevância da via química de fabrico.

5.2. Experimental

5.2.1 Preparação de nanorods

Como tentativa inicial, começámos com a conhecida técnica básica de fabrico, tal como relatada por Wu et al [16], e seguimos quantitativamente quase o tipo semelhante de receita. Mas a diferença é que fizemos o nosso processo de fabrico à temperatura ambiente. Assim, não é necessária a manutenção de uma temperatura constante mais elevada, o que torna o processo muito mais simples. Todos os reagentes que utilizámos eram de qualidade analítica (MERCK) que não necessitavam de mais purificação. Sob agitação constante da solução de NaOH (1M) à temperatura ambiente, foi adicionada uma solução de nitrato de zinco de 0,5M em gota durante 15 min. A agitação foi continuada durante 3 horas até um precipitado branco depositado no fundo do frasco. O precipitado foi então filtrado e lavado 2-3 vezes com água destilada. Depois, a amostra em pó foi seca a 60^0 C numa fornalha para mais caracterizações. Com esta receita básica, variamos então os parâmetros-chave do processo para proporcionar diferentes condições de fabrico, de modo a obter diferentes rendimentos estruturais. Os nano-poderes resultantes foram caracterizados repetidamente para estudar as suas propriedades de luminescência óptica.

5.2.2 Caracterizações dos nanorods

Os dados de difracção de raios X foram recolhidos num difractómetro RIGAKU utilizando Cu K_a -radiação sobre um intervalo angular $20^0 < 2\theta < 60^0$. A morfologia da amostra foi observada em microscopia electrónica de varrimento por emissão de campo (FESEM) utilizando o microscópio electrónico de varrimento ZEISS. A microscopia electrónica de transmissão foi realizada num microscópio JEOL JEM-2100F com a tensão de aceleração de 200 kV. Para o estudo TEM, uma quantidade muito pequena da amostra de pó foi primeiramente dispersa em acetona por ultra-sons. Uma gota dessa solução foi tomada numa grelha revestida de carbono para o estudo de TEM. O espectro da temperatura ambiente PL foi registado em PERKIN ELMER LS-55 com uma lâmpada de Xénon com as excitações de 275 nm, 300 nm e 325 nm. Sistema Reinshaw Raman: O RM-1000B (acoplado ao microscópio LEICA

DMLM) foi implantado para efectuar a medição do deslocamento Raman da amostra. Como fonte de excitação, foi utilizado um laser de íon de árgon de 20mW que funcionava a 514nm de comprimento de onda utilizando um filtro de borda de 200/cm como cortante. Foram recolhidos dados de absorção visível por UV da amostra no espectrofotómetro Perkin- Elmer Lambda-45 na faixa de comprimento de onda 380-800 nm para estudar melhor a absorção óptica.

5.3. Resultados e Discussões

5.3.1 Difracção de raios X

Um padrão XRD típico dos nanorods (pós) preparados é mostrado na figura 5.1. O padrão é indexado com a estrutura da célula da unidade hexagonal (cartão JCPDS no. 36-1451). Também comparamos as intensidades de pico relativas observadas com as dos seus valores padrão (ver quadro-5.1). Existe uma pequena diferença nas intensidades de pico relativas dos (100) a (002) como observado no nosso caso implica que os nanorods ZnO fabricados por diferentes métodos exibem diferentes orientações preferenciais. Além disso, não foram encontradas impurezas no padrão XRD. Também os picos de difracção são intensivos e muito acentuados. Assim, os nanocristais hexagonais de ZnO de alta pureza puderam ser obtidos por este processo de síntese.

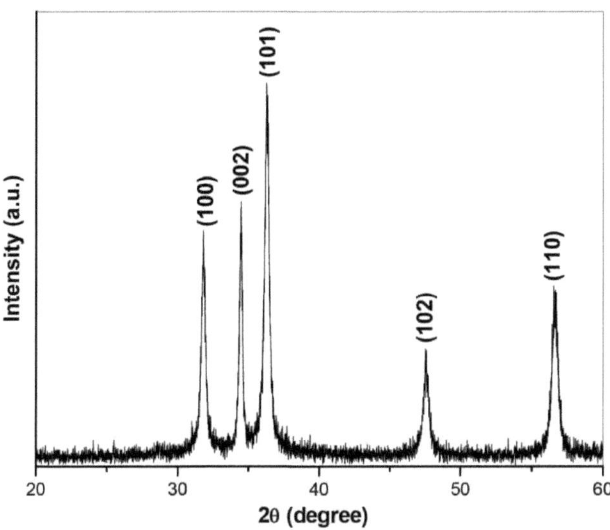

Figura 5.1. Difracção de raios X dos nanorods ZnO preparados à temperatura ambiente.

5.3.2 Microscopia electrónica de varrimento por emissão de campo

A Figura 5.2 mostra a morfologia dos nanorods ZnO como preparados. Revela que a característica mais marcante do produto como obtido é o nanorods ZnO. O pó contém nanorods de ZnO de diâmetro ~30-50 nm e comprimento ~ (100-150) nm. Tirámos as imagens FESEM de diferentes regiões da amostra distribuída e observou-se que as varas estão distribuídas aleatoriamente na amostra de pó e recolhidas em conjunto.

5. 3.3. Mecanismo de crescimento:

O mecanismo de crescimento tem sido proposto por vários investigadores de acordo com as condições das experiências [17, 18]. No contexto da nossa síntese, descrevemos o mecanismo de formação dos nanorods ZnO da seguinte forma: Quando a solução de nitrato de zinco é adicionada com a solução de NaOH sob agitação constante, produz partículas coloidais de $Zn(OH)_2$. Durante a decomposição hidrotérmica, uma parte deste $Zn(OH)_2$ coloidal dissolve-se em Zn^{2+} e OH^- e continua a formar $Zn(OH)_4^{2-}$. Quando a sua concentração atinge o grau de supersaturação, os núcleos de ZnO formam-se. As reacções básicas são:

$$Zn(NO_3)_2.6H_2O + 2NaOH = Zn(OH)_2 + 2NaNO_3 + 6H_2O$$

$$Zn(OH)_2 + 2H_2O = Zn^{2+} + 2OH^- + 2H_2O = Zn(OH)_4^{2-} + 2H^+$$

$$Zn(OH)_4^{2-} = ZnO + H_2O + 2OH^-$$

Figura 5.2. Imagem microscópica electrónica de varrimento por emissão de campo dos nanorods ZnO.

5.3.4 Estudo de microscopia electrónica de transmissão

Outros estudos sobre a estrutura dos nanorods ZnO foram feitos utilizando a microscopia electrónica de transmissão. A figura 5.3(A-C) mostra a imagem TEM dos nanorods fabricados. O comprimento dos nanorods varia de 100-200 nm e os seus diâmetros situam-se entre 20-40 nm. O correspondente padrão de difracção electrónica de área seleccionada (SAED) também é mostrado na figura 5.3D, que revela a natureza monocristalina dos nanorods.

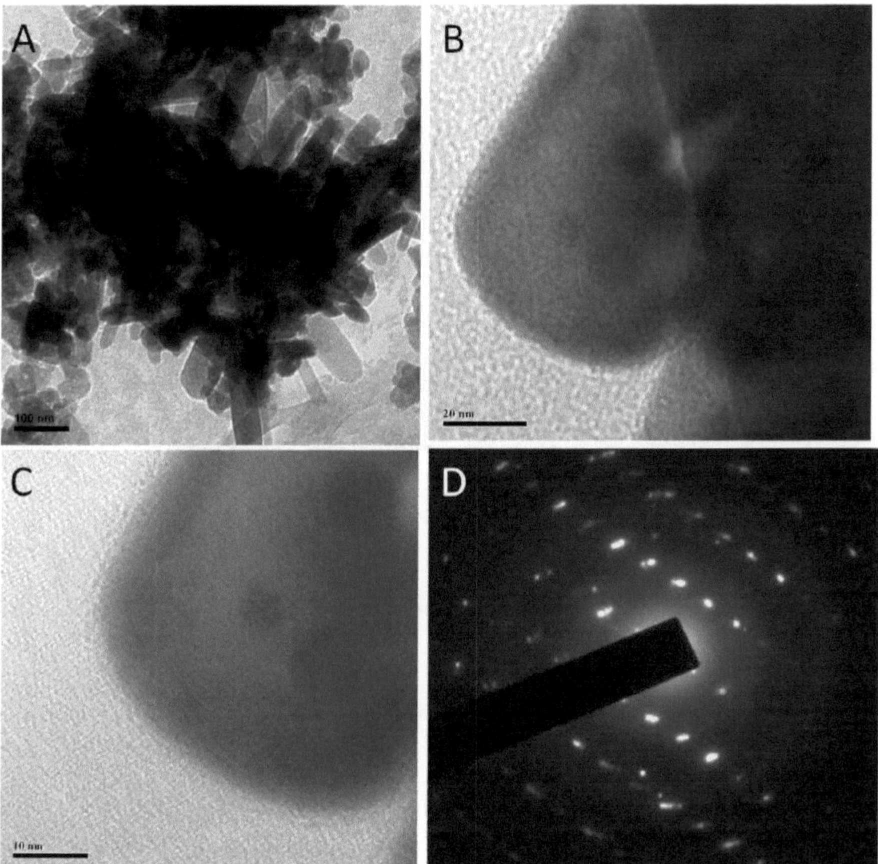

Figura 3. (a)Imagem microscópica de transmissão dos nanorods cultivados. (b) O padrão SAED dos nanorods.

5.3.5 Medição do turno Raman

Os nanocristais ou pontos quânticos, produzidos por métodos químicos, têm normalmente mais defeitos do que os correspondentes cristais a granel. Os espectros Raman desses semicondutores nanocristalinos são deslocados a vermelho e alargados devido ao relaxamento da regra de selecção para o vector q (conservação do momento cristalino) devido ao pequeno tamanho cristalino dos nanocristais. A incerteza do fono é aproximadamente como $\Delta q \sim 1/d$, sendo d o diâmetro dos nanocristais [19].

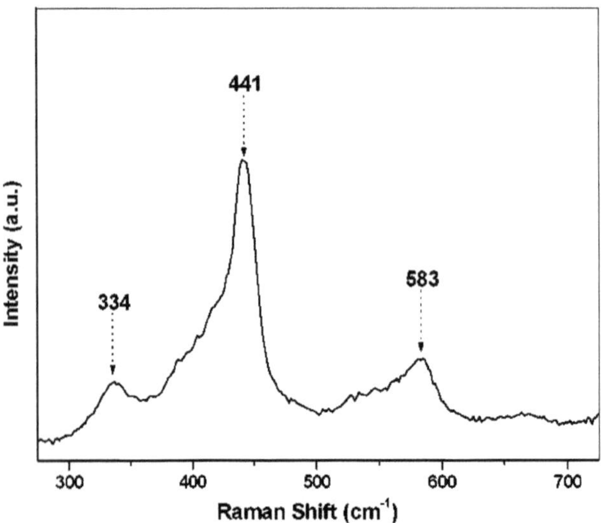

Figura 5.4. Espectro de dispersão Raman dos nanorods ZnO cultivados à temperatura ambiente.

A dispersão do fonão não será limitada ao centro da zona Brillouin e a dispersão do fonão perto do centro da zona Brillouin deve ser tomada em consideração. Assim, os modos de dispersão de simetria proibidos serão também observados juntamente com o deslocamento e alargamento dos modos de dispersão do fonão óptico de primeira ordem. ZnO tem estrutura wurtzite hexagonal que cai no grupo espacial C^4 6v com duas unidades de fórmula por célula primitiva e os modos Raman-activos previstos pela teoria de grupo para o wurtzite ZnO são A1 + 2E2 +E1 . Os modos polares A1 e E1 podem dividir-se em modos ópticos transversais (TO) e ópticos longitudinais (LO). O modo E2 não polar é composto por dois modos com uma frequência baixa e uma frequência alta. A figura 5.4 mostra os espectros Raman dos nanorods ZnO. Três picos de vibração proeminentes são observados a 334, 441 e 583 cm^{-1} . O pico a 583 cm^{-1} , posicionado entre A1 (LO) e E1 (LO) modo fonão óptico, pode ser atribuído à deficiência de oxigénio. Está em bom acordo com os cálculos teóricos de Fonoberov e Balandin [20]. O pico a 441cm^{-1} corresponde ao modo fonão óptico E2 não polar. O pico de 334 cm^{-1} é atribuído ao processo Raman de segunda ordem e é atribuído ao modo 2E2. A forte intensidade deste pico revela que os nanorods ZnO cultivados à temperatura ambiente têm várias deficiências de oxigénio. Não se observam nenhuns fonões TO no espectro Raman não ressonante dos nanorods ZnO cultivados.

5.3.6 Espectroscopia de fotoluminescência

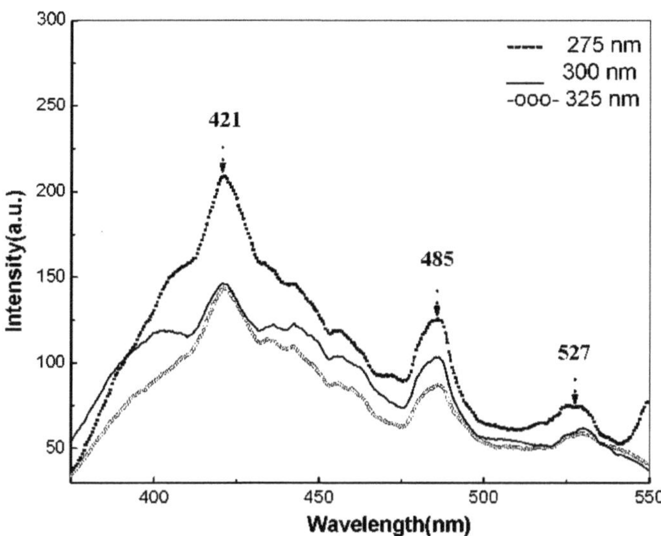

Figura 5.5. Espectro de fotoluminescência da temperatura ambiente dos nanorods ZnO.

A fotoluminescência de temperatura ambiente (PL) foi registada com os comprimentos de onda de excitação de 275 nm, 300 nm e 325 nm, respectivamente. Na figura 5.5 o forte pico de emissão de cerca de 421 nm pode ser atribuído à recombinação de um electrão na intersticial do zinco e a um buraco na banda da valência. Outros picos são também observados a 406nm (3,05eV), 456nm (2,72eV), 485nm (2,59eV), e 527nm (2,35eV) que são atribuídos a diferentes emissões de estado de defeito. Vanheusden *et* al [2] tinham relatado que a luminescência visível de ZnO tem origem principalmente em diferentes estados de defeito, tais como vacâncias de oxigénio e intersticiais de Zn. O oxigénio, em geral, exibe três tipos de estados de carga de vacâncias de oxigénio como Vo^{0}, Vo^{+}, e Vo^{2+}. As vagas de oxigénio estão localizadas abaixo da parte inferior da banda de condução (CB) na sequência de Vo^0, Vo^+, e Vo^{2+}, de cima para baixo. O pico de cerca de 527 nm pode ser relacionado com uma única vaga de oxigénio ionizado. A emissão verde é o resultado da recombinação de um buraco foto-gerado com um estado de carga ionizada isoladamente do defeito específico. Os níveis de aceitação rasa são criados a 0,3eV e 0,4eV acima do topo da banda de valância (VB) devido à vacância de zinco (v_{Zn}) e oxigénio intersticial (o_i), respectivamente. Novamente, o intersticial de zinco (z_{ni}) produz um nível de dador pouco profundo a 0,5ev abaixo da base do CB [21, 22, 23]. As posições dos diferentes níveis de defeito são esquematicamente mostradas na figura 6. A partir da figura 5.6, a emissão a 421nm pode ser atribuída à recombinação de um electrão em z_{ni} e de um orifício no VB. Observamos também que a intensidade do PL diminui com o aumento do comprimento de onda de excitação. As posições de pico foram quase as mesmas, mas foi observado um deslocamento de azul muito pequeno que pode resultar devido à polidispersão na forma das pontas dos nanorods.

5.3.7 Espectroscopia visível por UV

A espectroscopia visível por UV foi realizada para estudar melhor a propriedade óptica dos nanorods. Os espectros de absorção de UV à temperatura ambiente dos nanorods ZnO dispersos em tetrahidrofurano são mostrados na figura 5.7. Mostra uma banda de excitão proeminente a 382 nm corresponde às nanoestruturas de ZnO. Este pico de absorção é deslocado a vermelho em comparação com a absorção de ZnO (373 nm) [22], que se deve ao efeito de tamanho das nanoestruturas. Esta absorção na gama visível de comprimento de onda implica que existem mais níveis de energia com defeito nas nanoestruturas de ZnO sintetizadas, que se devem às condições específicas de síntese experimental.

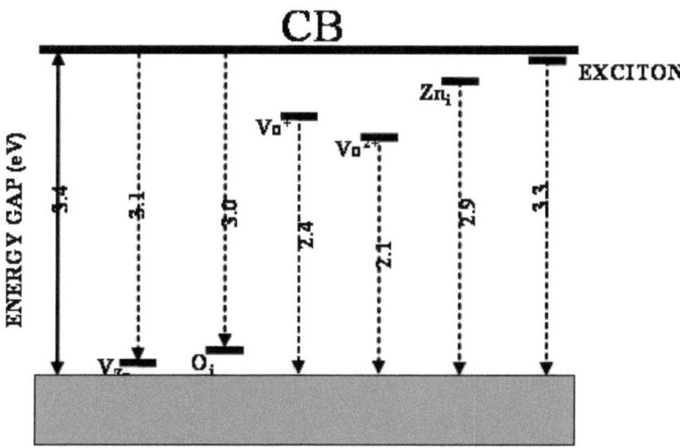

Figura 5.6. Uma ilustração esquemática de diferentes níveis de defeitos de ZnO [22].

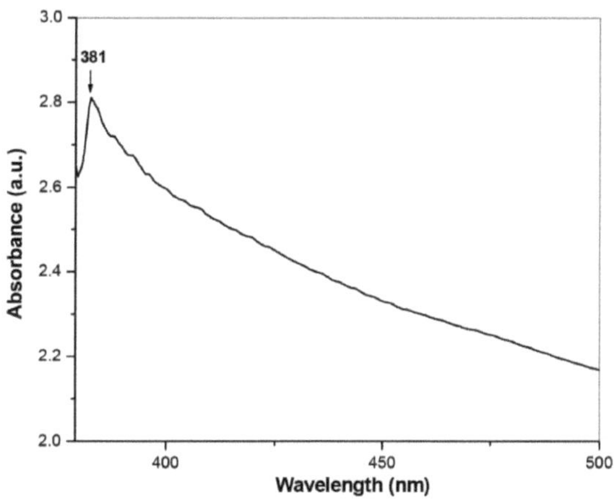

Figura 5.7. Espectroscopia de absorção visível aos raios UV dos nanorods.

Quadro 5. 1. Comparação das intensidades dos picos de difracção de raios X dos dados padrão JCPDS e dos dados observados.

Pico XRD (hkl)	2Θ (grau) do JCPDS	2Θ (grau) observado	Intensidade do JCPDS	Intensidade observada
(100)	31.770	31.811	57	61.95

(002)	34.422	34.495	44	68.84
(101)	36.253	36.307	100	100
(102)	47.539	47.501	23	30.63
(110)	56.603	56.565	32	47.67

5.4. Conclusões:

Relatamos aqui a implementação do método de fabricação de nanoestruturas baseadas em reacções químicas na atmosfera do laboratório com estudos extensivos para alcançar a repetibilidade e a optimização da estrutura. Esta abordagem ofereceu a produção de uma grande quantidade de nanorods ZnO a uma pureza relativamente elevada e com um custo muito baixo. Discutimos aqui, nesta ocasião, um possível mecanismo de formação destas estruturas. Uma observação importante é que os nanorods ZnO têm uma banda de fotoluminescência (PL) muito forte ao alcance visível, acompanhada de poucos estados de defeito mais fracos, o que concorda bem com as medições da espectroscopia Raman. Outros estudos sobre as propriedades ópticas dos nanorods concordam bem com os dados padrão comunicados. Assim, os nossos estudos experimentais de nanoestrutura ajudariam a explorar mais aplicações potenciais em dispositivos luminescentes, nano-fotónicos e optoelectrónicos.

REFERÊNCIAS

[1]   Eva M. Wong e Peter C. Searson, Appl. Phys. Lett. 74(20) (1999)2939.

[2]   K. Vanheusden, C. H. Seager, W. L. Warren, D. R. Tallant, e J. A. Voigt, Appl. Phys. Lett. 68(3)(1996) 403.

[3]   H.Q.Wang, G Z Wang, L C Jia, C J Tang e G H Li, J. Phys. D: Aplic. Phys. 40 (2007) 6549.

[4]   Q.P Wang, D.H.Zhang, Z.Y.Xue, X.T.Hao, Applied Surface Science 201(2002) 123.

[5]   Ma Jina,, Ji Fenga, Zhang De-hengb, Ma Hong-leia, Li Shu-ying, Thin Solid

Films. 357 (1999) 98.

[6]   Jason B. Baxter e Charles A. Schmuttenmaer, J. Phys. Chem. B., 110(2006), 25229.

[7]   Xiang Yang Kong e Zhong Lin Wang, Nano Letters. 3(2003 1625.

[8]   Yasuhide Nakamura MATERIALS, NNIN REU, Research Accomplishments. (2006)74.

[9]   Michael H. Huang et al Science. 292 (2001) 1897.

[10] Jih-Jen Wu e Sai-Chang Liu, Adv. Mater. 14(2002)215.

[11] A. Fouchet et al, J. Appl. Phys. 96 (2004) 3228.

[12] Hirofumi Takikawa at al, Thin Solid Films. 74-80 (2000) 377.

[13] Q. P. Wang, D. H. Zhang, Z. Y. Xue e X. T. Hao, Applied Surface Science. 201(2002)123.

[14] Hanmei Hu et al, Materials Chemistry and Physics 106 (2007) 58.

[15] Ali Eftekhari, Foroogh Molaei, Hamed Arami, Materials Science and Engineering A. 437 (2006) 446.

[16] C. Wu et al, Materials Letters 60 (2006) 1828.

[17] C. X. Xu, A. Wei, X. W. Sun e Z. L. Dong, J. Phys. D: Appl. Phys. 39(2006)1690.

[18] J. Zhang, L. Sun, J. Yin, H. Su, C. Liao e C. Yan, Chem. Mater. 14(2002) 4172.

[19] K. A. Alim, V. A. Fonoberov, M. Shamsa e A. A. Baladinl, J. Appl. Phys. 97(2005)124313.

[20] V. A. Fonoberov e A. A. Balandin, Physical Review B. 70(2004)233205.

[21] P. S. Xu, Y. M. Sun, C. S. Shi, F. Q. Xu, H. B. Pan, *Nucl. Instrum. Métodos Res. Física, Sect. B*. 199(2003) 286.

[22] S. B. Zhang, S. H. Wei, A. Zunger, *Phys. Rev. B*. 63(2001) 075 205.

[23] Y. Chen, D. M. Bagnall, Z. Zhu, T. Sekiuchi, K.-T. Park, K. Hiraga, T. Yao, S.

Koyama, M. Y. Shen, T. Goto, *J. Cryst. Crescimento.* 181(1997) 165.

[24] M. Haase, H. Weller e A. Henglein, J. Phys. Chem.92 (1988) 482.

More
Books!

info@omniscriptum.com
www.omniscriptum.com
OMNIScriptum

Printed by Books on Demand GmbH, Norderstedt / Germany